U0151815

输电线路走廊
安全风险评估技术

张睿卓　杨必胜　钟若飞　著

WUHAN UNIVERSITY PRESS
武汉大学出版社

图书在版编目(CIP)数据

输电线路走廊安全风险评估技术/张睿卓,杨必胜,钟若飞著.—武汉:武汉大学出版社,2022.11
ISBN 978-7-307-22929-7

Ⅰ.输… Ⅱ.①张… ②杨… ③钟… Ⅲ.高压输电线路—电力安全—研究 Ⅳ.TM726.1

中国版本图书馆 CIP 数据核字(2022)第 038586 号

责任编辑:鲍 玲 责任校对:李孟潇 版式设计:韩闻锦

出版发行:**武汉大学出版社** (430072 武昌 珞珈山)
(电子邮箱:cbs22@whu.edu.cn 网址:www.wdp.com.cn)
印刷:武汉中科兴业印务有限公司
开本:720×1000 1/16 印张:11.5 字数:190 千字 插页:1
版次:2022 年 11 月第 1 版 2022 年 11 月第 1 次印刷
ISBN 978-7-307-22929-7 定价:49.00 元

前　言

　　大型输电网是构筑国家经济发展的重要脉络，国家电网中高压线路分布广泛，但是野外架空线周围空间常存在着影响线路稳定运行的各种灾害与风险。如山林火灾、邻近线路生长的植被都有可能造成输电故障。林区电力走廊中，火灾是电力线和植被之间相互影响的一个重要因素，无论是山火邻近还是输电线触及植被放电导致火灾，总是会给输电系统的正常运行带来影响。一方面，火灾发生后，轻则因烟雾颗粒导致线路故障而停运，重则毁坏塔基或者使塔架变形，进一步造成严重事故。另一方面，随着植物生长，输电设备与森林植被之间的距离缩短，强风、覆冰等灾害气象引发树木弯曲、倒伏，容易因接触电线导电而形成火源，反导致森林火灾，给电网带来更严重的威胁和隐患。

　　本书以电力走廊山火风险和植被障碍风险为主要研究对象，基于多源遥感与气象监测数据，深入探索了山火风险和植被障碍风险评估方法，实现小尺度下电力走廊内高等级火险区段以及档距内植被障碍风险评估与检测，并依据风险等级和风险位置实现电力走廊安全预警，为高压电力走廊安全管理提供精确的数据支撑，为电力走廊灾害防范与风险控制提供决策支持。具体研究内容如下：

　　首先，综合深入地研究了长区块、大范围电力走廊区域的山火风险等评估方法，精确评估电力走廊周边的山火发生风险、获取精细化火险预警数据。详细分析了地表植被状况以及地形、人文、季节、气象等因素及其与山火发生的相关性，设计并建立了电力走廊火险指数（PC-FRI）和相应的火险等级评价体系，准确地判定较高的火险区段和时间段，使电力走廊风险评估应用于中小尺度上的电力走廊山火风险精细防范，为植被障碍重大风险点预警奠定基础，同时也间接地提升了输电线路安全巡检的效能。然后，利用无人机载激光雷达系统采集高等级火险区段巡线数据，结合空间哈希结构优化点云存储与管理，基于分层网格化数据的局部分布特性和输电目标本体结构特性实现高效自动化的高压输电对象提取，并重建了高压电力线、电塔以及植被的空间结构化对象模型，提升了无人机激光雷达数据的处理效率和应用效能。最后，面对电力走廊中的树线矛盾问题，在微小尺度上针对高压电力走廊中火险等级较高的区段，研究了基于 LiDAR 数据的"由粗到精"的植被障碍风险点检测方法和基于植被生长状态的植被隐患风险动态评估预警方法，通过无人机 LiDAR 数据精确预警线路植被障碍风险。

目　　录

第1章 绪 论

1.1 研究背景与意义

输配电网络是国家经济发展的重要脉络，我国每年在电力行业整体投资达千亿元，且输电设备在国家电网建设中的比重越来越大。已基本建成跨越多省区的东北、西北、华中、华北、华东和南方电网的分布格局；截至2020年底，全国220千伏及以上电压等级架空线路长度为8315.030百千米（国家能源局，2020）。随着输电线电压的不断提高和输送线路长度的持续增长，输电线路网络的安全、稳定、高效运行越来越重要（阮峻等，2019）。而输电线路架设位置地形结构复杂多变、自然环境恶劣，输配电网络跨区布设、点多面广，线路及其他设备长期在野外暴露，受到持续张力、覆冰、山火、飓风、雷击、材料老化以及人为因素的影响而造成舞动、断股、倒塔、腐坏等现象（Ahmad et al.，2013），这些情况需要通过相关部门或者人员实施线路巡检掌握精准的隐患信息并及时进行修复或更换处理（张吴明等，2006）。而且由周围树木接触输电线而引发火灾的事故屡有发生（Qin，2014）。就全球范围来看，每年因为线路故障或意外事故造成的人员财产损失难以计数，例如2017至2018年美国加州多起火灾事故与电力线路有关①，2019年2月云南大理发生一起高压电线引发的森林火灾②事故。

各种复杂的环境隐患和潜在的安全风险给电力系统，尤其是穿越森林区域的电力走廊输电系统造成极大的不利影响，并且给输配电系统的稳定性带来极大的挑战。为做好电力系统的预警和防护工作，电力行业每年不得不斥资数千

---

① http://news.cableabc.com/exposure/20190116214558.html.
② http://www.chinanews.com/sh/2019/02-09/8749933.shtml.

万用于各方面的维护与消耗。电力运营管理部门常常需要采用卫星遥感等远程监测和近距离巡查检测(电力线巡检,或称巡线)相结合的手段,预先评估和预警可能发生的隐患和故障,从而实现提高问题处理效率,降低运营与维护成本的目的,并力图为国民经济建设提供稳定而可靠的电力服务。电力走廊/输电线路走廊,一般认为是输电线路所经过的长条状通道区域,本书中所说的"电力走廊"特指野外架空输电线路所分布3km宽范围内的条带状长廊区域。

面对现代电力系统的广泛需求以及当前智能电网建设的迫切需要,传统的巡线方式已经难以满足(Zyebek et al.,2019)。首先,针对高压输电线路大规模常规运行模式和作业管理,传统的巡线方式面临针对性不强、科学规划不足、劳动强度大、效率低下、花费时间长、人力成本高、工作条件艰苦等问题。其次,在山区线路、跨越大江大河线路,或者在洪水、冰灾、台风、夜间等极端环境下巡检时,传统的人工作业方法几乎难以完成。面对现代化、智能化电网建设,高压电力输配送网络亟需更为安全高效的电力巡线方式。随着无人机(Unmanned Aerial Vehicle,UAV)、物联网、传感器、航天航空遥感及计算机信息处理等工程和技术的快速发展,远程操控和处理、线上线下相结合日渐成为人们日常工作的重要生产应用模式。在电力资产管理和风险防控预警方面,监测数据的同步上报和分析、网络协同处理以及预警信息集体分发等工作,正逐步结合这些最新技术以实现更高效、更智能的控制和决策,以期更好地服务于电网安全建设;在电力走廊安全常规巡检和障碍物风险预警方面,无人机和遥感技术因其使用的安全性、价格的普适性、操控的方便性和观测的灵活性正在发挥着越来越重要的作用,结合遥感手段的巡线方式正在取代传统的人工作业模式。将无人机等轻型飞行器作为巡线平台已成为国内外电网运维的行业共识(黄世龙等,2014)。并且,一系列的研究和实践表明,无人机激光雷达巡线能够更好地满足当前高压输电安全监督管理的迫切需求(张文峰等,2014;彭向阳等,2016)。因此,利用无人机激光雷达技术进行电力走廊巡检受到了电力相关领域学者们的广泛关注。

近10年来无人机技术得到了极为快速的发展,作为一种灵活自主的飞行搭载平台,无人机成功地从军用转移到民用市场,各种类型的无人机受到各行业用户的青睐。其中,无人机在测绘领域中的应用极大地提升了测绘数据采集能力和效率,补充了低空数据采集平台方面的空缺。由于无人机具有高效灵活的优势,起降方便、场地要求少、成本低、可搭载多种传感器,相较于地面测量设备具有较宽的视野和较大的覆盖面积，因此无人机遥感技术在电力与测绘行业展现了广阔的应用前景。三维激光扫描（Light Detection and Ranging，LiDAR）技术是目前获取三维空间信息的最新技术，通过集成定位定姿系统（Positioning and Orientation System，POS）、激光扫描仪（Laser Scanner，LS）以及惯性测量单元（Inertial Measurement Unit，IMU）等多种传感器，以非接触主动测量方式获取地物目标高密度、高精度三维空间几何信息及物理附属信息，可以快速获取观测目标的空间位置和属性（回波次数、反射强度等）信息，同时激光还具有穿透森林植被的能力，为精确提取电力走廊周边地形、林木等物体的信息提供了可能（Yang et al.，2015）。作为一种主动式的三维信息获取手段，LiDAR系统的主要优势在于自动化程度高、受天气干扰小以及能够全天时、全天候作业，且数据精度高、生产周期短（彭向阳等，2015；宋爽，2017；Hu et al.，2018），广泛应用于测绘4D产品生产（Gharibi et al.，2018）、城市场景三维建模（Hu et al.，2018）、无人驾驶（Chen et al.，2015）、文化遗产保护（Xiao et al.，2014）以及电力安全巡检（Matikainen et al.，2016）等方面。针对电力走廊障碍物风险状态自动巡检，主要有两个比较先进的方向：基于多角度倾斜摄影测量的巡检方式和基于激光雷达测量技术的巡检方式。尽管代价略高于倾斜摄影的巡检方式，但相对而言，激光雷达巡检能够更直接地得到较好的结果，因此正逐渐被大型电力公司采用；基于摄影测量的巡检方式更适于电力走廊植被监测的研究，其能够获得较大的覆盖范围数据（Ituen et al.，2010；Colomina et al.，2014）。

现阶段，尽管基于遥感技术的电力巡检方式极大地提高了输电线路巡检效率，然而在每年百万千米级别的高压架空线路巡检需求下，仍需要避免盲目的、高成本的、不分主次的全覆盖式巡检。根据当前文献查阅结果来看，鲜有此方面的研究。而且经过详细的分析和比较发现，通过研究输配电网络内自然气象条件，即工况状态和环境的分析，实现对电力走廊的近期风险评估和预警，有利于针对不同的灾害情况进行有目标、有计划的巡检，从而缩短问题排查周期，提高整体效率，减少巡检成本和设施维护成本；对于电力走廊内危险物体如植被的检测，利用无人机LiDAR巡检技术能够较好地检测出输电线与树木的空间距离，从而精准地探测出危险点的具体位置及危险级别（Chen et al.，2018）。

此外，当前对于激光雷达巡检数据的处理，涌现出了很多相应的电力线或电塔目标提取算法，但是在软件的自动化及处理效率方面尚有提升的空间。因此，针对高压电力走廊存在的安全风险和隐患问题，如何制订良好的巡检计划并实现高效的巡检和结果分析，为输电安全监督管理提供有效的风险预警和强有力的数据支撑，是本研究的主要内容。一方面，针对高压输电线所面临的自然条件风险，如山火、雷暴、覆冰、风偏等，特别选择山火及其形成的气象条件，结合地形因子进行电力走廊区域山火发生风险的研究。以森林火险指数研究理论为基础，构建适用于电力走廊周边区域的高分辨率火险指数模型，制作高压电力走廊山火风险等级地图，并据此指导进一步的电力走廊植被障碍物巡检，评估其安全风险级别，协助电力部门完善电力走廊维护计划，按照风险等级分批次预先清理危险植被，维持输电设施足够的安全空间。另一方面，针对当前机载 LiDAR 巡线数据中输电要素提取的效率以及提取对象的完整性方面存在的困难与挑战，本研究开展了基于无人机 LiDAR 数据的输电目标提取及安全距离诊断研究工作，提出了一种高效的高压输电目标综合提取方法，并基于此构建了电力走廊障碍物安全风险诊断模型，致力于实现巡检数据处理的自动化、智能化。

1.2　研究目标和内容

面对智能电网建设和输配电安全的重大行业需求，本研究基于输电线路走廊气象监测、卫星遥感和无人机 LiDAR 线路巡检等多源数据，以电力走廊山火风险和通道内植被障碍隐患为研究对象，深度探索基于遥感技术的电力走廊山火风险预警研究和激光雷达技术在无人机电力走廊安全巡检方面的应用，提出了基于走廊风险等级的系统性巡检和预警策略，致力于提高电力走廊风险防控和输电线路常规巡检的整体效率，有针对性地防范电力走廊安全风险，减少植被障碍物隐患。

具体研究内容有以下三点：

（1）构建针对电力走廊的火险指数（PC-FRI），评估电力走廊区域火险等级。

面对电力走廊周边山火多发的情况，为了给电网部门提供精确的风险预警数据和隐患管理支持，改善输电线路安全隐患巡检的机械化、盲目性作业方式的问题，提高线路的整体巡检效率，实现更为精准、智能化的线路巡检，本研究从影响火险的各种因素出发，综合考虑地表植被状况以及地形、人文、季节、气象等因素及其与山火发生的相关性，设计了电力走廊火险指数（PC-FRI），以判定输电线所受山火威胁较高的区段和时间段，从而提高巡线的针对性，并对高风险等级区段实施预警，为输电线路灾害防护提供相应的数据支持与决策支撑。使用的数据有来自国家气象局的地面气象站点监测数据、清华大学发布的 30m 地表分类数据、NASA 发布的 Landsat 8/OLI 多光谱地面观测数据和 SRTM 地形数据。

（2）山火风险评估的电力走廊高等级火险区段 LiDAR 巡检与建模。

在高压电力走廊山火风险分析的基础上，利用无人机载激光雷达对高等级火险区段进行定向精细巡检，获取高精度的输电线路走廊三维激光点云。为了提升无人机 LiDAR 巡线数据处理的效率和效果，提高自动化处理水平，针对机载 LiDAR 点云电力走廊巡检数据，提出了一种基于无人机 LiDAR 数据的高压输电多目标快速提取方法。结合空间哈希结构优化点云存储和管理，将点云分层分块管理，利用基于数据分层网格化的多维分布特性和输电目标本体特性提取分割目标，从而提高目标提取效率，并结合输电线、塔之间的空间连接关系提升输电对象的提取精度。在此基础上，对获取的高压电力线、电塔等目标，重建其在电力走廊场景中的三维模型，构建三维目标的地理空间对象关系。

（3）基于安全距离检测的植被安全隐患评估。

面对电力走廊中的树线矛盾问题，即输电线周围树木生长或侧向弯倒等状况对输电系统的稳定运行造成的安全隐患，利用三维目标的模型化重建结果，结合输电线路安全运行行业规范，构建安全距离诊断模型以检测其安全状态。以电力线为对象，从水平、垂直、净距等多个空间角度分析电力线到周围植被（或其他物体）的空间距离，从而依据相应的安全距离评判标准，确定风险等级，判断树木等障碍物对电力走廊的安全隐患，为走廊安全维护提供数据支持，实现遥感数据在电力走廊安全风险中的深入应用。

本研究针对中等尺度下林区电力走廊的山火发生风险和微小尺度下高火险区的线路植被障碍风险进行了精细化分析与评估。研究内容一是在多条高压线路所架设的较大范围中进行，在中等尺度上实现区域性火险评估，识别并预警高等级火险区。后两个研究内容以研究内容一为基础，对识别提取的高火险区，在小尺度上进一步对每一档段输电线路及其周围地物环境进行精确计算和安全风险评估。同时，研究内容二中输电目标及地物对象的提取是研究内容三精细化植被障碍(树障)风险评估的基础。

1.3　多源遥感数据在电力走廊安全风险评估预警中的应用现状

近年来,随着传感器技术、计算机硬件技术以及数据采集平台的快速发展,高分辨率数字摄影测量以及激光雷达巡线系统的应用日渐成熟,利用遥感手段进行电力走廊风险隐患巡查的方法在不断地发展改进。通过这些手段,能够获得高压电力走廊场景高分辨率、高精度以及高覆盖度的多源遥感数据。利用卫星影像和高精度的激光点云,结合气象监测数据,使得电力走廊潜在风险区域快速评定、电力线路危险状态分析以及障碍物或危险点检测成为可能。这是电力行业非常关注的研究方向,也是国内外的一个热点问题。从电力走廊安全风险管理和预警及输电线路障碍物安全隐患巡检的相关研究可以看出,利用多源遥感数据在非接触式电力走廊安全风险管理方面的研究主要围绕着电力走廊灾害风险评估预警和电力走廊障碍物风险预警展开,本研究重点解决电力走廊山火风险和植被障碍物风险的评估预警问题。

1.3.1　遥感监测数据的特点

遥感监测数据具有宏观观测能力强、动态监测优势大、探测平台与手段多样、数据量大、动态性、强现势性与可比性等优点(杜培军,2006)。遥感技术在林业、农业、工矿业、电力、水资源与环境、城市管理、气象监测、土地和地质调查、海洋资源调查、环境规划与管理等方向有广泛应用,已成为推动国民经济、社会发展、环境改善和国防建设的重要手段。遥感平台可分为航天、航空和近地遥感平台这三种类型,各自的成像特征及应用特点如表1-1所示。

电力行业中,遥感监测技术在电网建设和长距离输电安全监测与管理中发挥着重要作用。利用不同遥感平台和传感器的组合,可以较容易地实现电力走廊区域大面积、多尺度、多样化、短周期的遥感监测,以较低的成本得到不同类型的观测数据(如不同波段的卫星影像、机载激光点云、可见光、红外数据等),从而实现电力走廊周边和输电线路的风险和隐患分析。尤其是使用无人机遥感观测技术对电力走廊风险进行监测,可以设定不同的航高实现低成本、大面积监测或低空间内小范围、多架次的精确监测,而且能够针对单条线路实行多架多次同时巡查，减少人力巡查所造成的各种损失和人员伤害。

表 1-1   **航天遥感、航空遥感与近地遥感比较**

	航天遥感	航空遥感	近地遥感
成像特征	比例尺最小，覆盖率最大，概括性强，具有宏观特点	比例尺中等，画面清晰，分辨率高，可以对垂直点地物清晰成像	比例尺最大，覆盖率最小，画面清晰
应用特点	动态性好，适合对某地区进行连续观测，周期性好	动态性差，适合做月度、季度长周期观测	费用较低，灵活机动，适合在小范围探测

综合利用这些数据对电力走廊进行多种手段的比较和分析，可以为输电系统维护和风险防控提供强有力的支撑。在山火灾害预测方面，利用遥感技术监测测区环境因素，结合气象（卫星）监测数据，进行山火风险评估预警，具有较大的优势和较强的可靠性，并且具备一定的预测能力。森林火灾是最重要的森林灾害之一，对于位于其中的电力走廊来说，它同样是极大的灾害和隐患（赵宪文等，1995；吴勇军等，2016）。因此，基于林业监测中的广泛使用，遥感技术也常被应用于电力走廊山火灾害（或其他自然灾害）风险监测。在植被障碍物安全风险状态评估预警方面，基于无人机遥感技术的易操控性、经济性和高效性等特点，利用无人机搭载各种影像传感器、激光雷达传感器或混合多传感器进行贴近式观测，可以采集电力走廊内各种地物，如输电对象、植被、地面、道路等的高精度、高分辨率的大量观测数据，用于构建精确的二维或三维模型，并结合气象预报数据实现基于位置与对象的动态分析与模拟。最终实现电力走廊内异物检测、障碍物风险状态评估、灾害模拟分析以及线路安全状态预警等。

以下内容将分别详细论述电力走廊安全风险和遥感监测数据在电力走廊安全风险评估和预警方面的应用。

1.3.2 电力走廊安全风险概况

电力运行风险和灾害包括各种环境风险或自然灾害，如沙尘暴、降雪、洪涝、滑坡、山火、飓风、雷暴等，这些灾害会引发非计划停电、停止供电风险以及倒塔、输电线断线断股、火灾等电力障碍或事故，尤以停电事故波及面广、影响大，严重影响社会经济活动和群众日常生活，是电网风险防控工作的重中之重。从表 1-2 中可以看出，自然灾害和灾害性气象因素导致的事故占330kV 架空线路故障的 80% 以上。另外，很多自然灾害往往是由灾害性气象事件引发的（Wang et al.，2016；梁允等，2013），并且气象状况更容易进行监测和预报，因此对气象灾害（或容易引发灾害的极端天气）的监测和预警也是电力安全监测的一项重要工作。山火隐患是电力安全监测与管理中不容忽视的重要内容，一旦电力线引发火灾往往会造成大面积的安全风险和生态破坏（陆佳政等，2015），图 1-1 为一场典型电力走廊山火故障和一次输电线路放电故障。

图 1-1　电力线路故障实例

表 1-2　　　　　**2017 年 330kV 架空线路非计划停运按责任分类**①

非计划停运原因	非计划停运次数（次）	非计划停运时间（小时）	占非计划停运总时间的百分比(%)
自然灾害	11	101.350	70.56
外力损坏	8	22.167	15.43
气候因素	8	20.033	13.95
产品质量不良	1	0.083	0.06

①　2017 年全国电力可靠性年度报告。

引发电力走廊风险的主要自然因素如图 1-2 所示，其中，山火是本研究的重点关注对象。林区电力走廊中，火灾是电力线和植被之间作用的一个因素或介质，严重影响电力系统的正常运行。一方面，由于森林植被和电力线相距不足几十米，森林火灾等灾害对输电系统带来极为不利的影响，一旦火灾发生，轻则因烟雾颗粒导致线路故障，重则毁坏塔基或者使塔架变形，从而造成严重的后果；另一方面，随着输电线路附近植被的生长和入侵，输电设备与森林植被之间的距离不断缩短，若遭遇大风、覆冰等气象导致树木弯曲、折断或倾倒，容易因接触导线而放电，形成火源，进而引发严重的森林火灾。

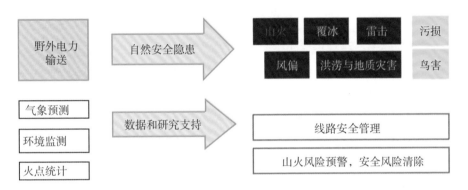

图 1-2　电力走廊外部灾害因素与山火安全预警

影响林区电力走廊安全风险的另一个因素，是位于输电线路下方或周侧的其他物体，如植被、桥梁、建筑物等，其中易造成电力走廊安全风险的隐患对象，称为电力线路障碍物（张勇，2017），而常见的障碍地物为植被障碍。植被障碍隐患所造成的电力走廊安全风险具有较大的可发展性——输电线周围植被在自然生长、受风舞动或者因外力作用倾倒的情况下，常常因接触导线或塔架而给输电系统带来极大的风险或事故。

对线路中的障碍或隐患风险评判一般需依据电力行业安全标准进行电力走廊安全距离诊断（白娟，2015），即对电力线与障碍物之间的最小距离进行检测，从而进行安全距离风险评估。安全距离风险评估是指评估因输电线与障碍物之间的距离小于安全距离而导致的电力走廊安全隐患或风险，也称为安全距离风险检测或安全距离诊断。林区输电导线在风偏后，输电线与地面或树枝的距离小于最小安全距离，引发放电、跳闸及山火等情况较为普遍。电力线路走廊中树木障碍，因树木或导线受热、覆冰、受风偏动容易形成电力走廊安全隐患，安全距离（不足）风险需要按照其类别和等级进行分级预警（张勇，2017；朱奇等，2018）。

1.3.3 基于多源数据的电力走廊山火风险评估

山火严重威胁着电力走廊输电安全。评估山火风险需获取输电系统的外部数据（地势地形、植被与相关气象等各种数据），进行融合处理，实现综合分析与评估（吴勇军等，2016），即利用卫星遥感数据结合电力走廊周边的地形、人文活动、微气象监测等数据进行山火风险评估预警。这是防范山火隐患的重要手段。

1. 森林区域火险评估与风险等级划分

森林区域火险评估是森林火灾防范预警中的重要研究方面，其研究始于20 世纪中叶，目前国内外已经形成了很多相对完整的体系。França 等指出，多数火险评估方法是区域适用型的，各有其较为良好的适用地域（França et al.，2014）。因此，各国都是根据自身所处地理位置和相应自然环境特征研究最适用的火险评价方法。巴西最早于 1963 年开始使用基于几个独立气象指标的火险指数，其后研究出了蒙特阿莱格雷法（MAF）以提供森林火险监测服务；美国构建了森林火险指数（FPI），并建立国家火灾危险评估系统（NFDRAS）；加拿大自 1968 年起建立了森林火灾危险评估系统（CFFDRS），包含了森林火险气象指数（FWI）、森林火灾活动预测（FBP）、森林火灾发生预测（FOP）以及可燃物湿度（AFM）四个子系统，这套系统被推广到全球多个地区使用；澳大利亚使用的是麦克阿瑟森林火灾危险系统，利用森林火险指数（FFDI）将火险划分为低等、高等、极高、特高四个等级以便于分级预警；瑞典研发了基于温度和湿度累计信息的埃斯屈朗指数（AI），并应用于本国和葡萄牙；苏联研究并使用了泰勒赛对数指数（Lti）以及涅斯特洛夫（Nesterov）火险指数，分别为一种非累计方法和累计方法（Soares，1972；Ziccardi et al.，2019；Carvalho et al.，2008）。各种面向森林火灾的火险指数、火险气象指数等往往是格点化数据管理，其结果更适用于呈面状分布的较大区域，而电力走廊一般是窄长的条带状，目前电力行业往往仅是将这些已有指数应用于电力走廊火险评估预警中，但是面对电网火险预警，以上森林火险指数很难在实际应用中充分满足其需要。

另外，在森林火险分级体系方面，学者们为了定量地评估森林火险，往往将森林火险划分为多个等级（Bax，2018；邓欧，2012；刘思林，2014），用以区分不同的火险状态以及高等级火险预警，其等级划分如表 1-3 所示，在火险分级制图时，需要按照火险等级高低使用不同的色彩来表示。

表 1-3 　　　　　　　　　　　**森林火险等级分级与预警描述**

火险等级	火险指标值	预警着色
无火险	<50	蓝色
轻度火险	50~95	绿色
中度火险	96~140	浅黄
严重火险	141~256	深黄

2. 电力走廊山火监测

火险监测是保证输电走廊安全平稳运行的一项重要的基础性工作。电力走廊山火监测主要可分为基于卫星遥感技术的监测方法和基于分布式无线传感网（WSN）的监测方法（叶立平等，2014）。在电力走廊分布区域的山火监测和预警方面，基于各种视频图像的山火监测、气象环境监测，结合卫星遥感技术应用于电力走廊山火监测，可根据多时相、多尺度、不同分辨率数据识别火点、监测气象异常点、分析火情，利用空间分析等地理空间理论和技术评估火灾风险和影响范围（孙萌等，2019；陆佳政等，2014；陆佳政等，2015；苑司坤，2015）。卫星气象监测数据容易获取，利用气象卫星进行森林宏观监测、森林火险气象监测以及森林火险评估，具有很好的实际效果（苏力华等，2004）。常用于我国山火监测的卫星有：MODIS、Sentinel、风云系列、环境系列、美国地球观测卫星 EOS 和 NOAA/AVHRR 气象卫星系列，包括 HJ-2、FY-1D、TERRA、AQUA、哨兵 1/2 号等均可提供地面热点和火点信息。在电力走廊近距离终端远程实时线路监控和山火监测预警中的主要探测方法包括利用沿线路配设的传感器终端网络进行的烟雾探测、视频监控、红外温度探测和激光雷达监测（彭庆军等，2015；孙萌等，2019；毛强等，2012；陈锡阳等，2015）。基于卫星遥感的监测方法成本低、效率较高且可监测面积大、范围广，但是受卫星绕行规则限制无法进行实时监测，且受天气环境影响较大；传感网监测法在实时性和全面性方面较好，但是代价高，实施困难，仅适合在高等级火险区设置高精度、长距离探测器(如激光雷达探测器)来重点防范。

基于卫星遥感监测的电力走廊山火监测的重点是图像温度异常点检测以及火点判定，此类方法可按检测时效分为实时活火检测和非实时过火检测两种类别。利用卫星数据监测活火的方法是火险预警研究的重要方面，已有多种高效且实用的算法(Lin et al.，2018；Schroeder et al.，2016；Giglio et al.，2016)。而在过火检测研究方面，分别有利用 Landsat/8、Sentinel-2A、MODIS、ASTER (Giglio et al.，2008)、环境卫星(Wang et al.，2012)数据来进行热点检测的方法，结合过火前后的不同图像特征对比(即火点复判)来检测在燃山火(何阳等，2016；Navarro et al.，2017；Hantson et al.，2013；Vadrevu et al.，2013)。经过对检测效果的对比，非实时过火检测方法具有较高的准确率(Hantson et al.，2013)。

3. 电力走廊山火风险评估预警

输电线路常因为所经过区域的雷击火、山火、烧荒等典型气象灾害或人为干扰引发火灾造成跳闸、停运等重大故障。近年来，线路故障作为火源引发的火灾数量不断增加，山火导致输电线路故障也同样在增多，而线路跳闸重合率较低、故障时间长(Millera et al.，2017；吴勇军等，2016)。为保障输电线路稳定安全运行，降低输电故障造成的损失，对电力走廊山火风险状况进行评估预警具有非常重要的意义(刘明军等，2016)。准确评估电力走廊山火灾害风险，有效预测山火发生时受影响的电力走廊区段并做出相应的预警，是电力走廊防灾和安全预警的重大需求和基础内容。目前的主要研究方向有利用多源遥感数据、人类活动范围数据和历史灾害数据进行山火风险评估与区域火险等级划分，以及根据历史检测数据和灾情运用概率与统计理论分析山火发生时产生线路故障的风险水平两个方面。针对前者，有大量电力走廊及周边火险区划分析和对火险因子及线路周边山火发生规律的研究(Xu et al.，2016；Millera et al.，2017；王琨等，2016；阮羚等，2015；Cáceres，2011)，而后者大多研究了基于神经网络、层次分析法、APRIORI 算法、随机森林、遗传算法、逻辑回归、模糊模型等方法的输电线路山火风险、山火气象风险评估模型，以及因山火引发线路故障率模型(熊小伏等，2015；叶立平等，2014；刘春翔等，

2017；刘明军等，2016；Shen et al.，2019；Frost et al.，2012；França et al.，2014；Mitchell，2013）。

1.3.4 面向电力走廊山火风险的输电线路植被障碍隐患检测

面对山火等电力走廊重大灾害，需要对输电线路及其周边地物进行精细的监测和管理。为此，电网对电力走廊安全隐患实行了分区、分块的格网化风险防范和管理。电力走廊植被障碍巡检与检测是实现高效植被"清障"和山火防范工作的基本前提和有效辅助之一。但是由于人力和资源有限，在电力走廊植被障碍检测和风险评估与山火防治中，大范围、广泛而盲目的巡检往往造成关键防治时机的错失和资源的不充分利用（周志宇，2019），因此需要在评估了输电线路周边环境因素的隐患大小和危害强弱的基础上，面对不同的风险和灾害，进行具有清晰计划和明确目的的分层次植被障碍巡检和清除。这对电力巡检效率、障碍检测和风险处理能力的提升有很大的帮助。故此，在应对山火隐患时，需要在考虑电力走廊巡检的科学性、计划性和针对性的前提下，兼顾山火隐患区域的风险状况和巡检维护资源的充分性，将高风险区段电力走廊巡检放在优先位置，特别加强此类区段的周边植被巡查以及隐患清理，尽最大力量发挥电网山火防范作用。

1. 输电线路与周边植被安全距离巡检与安全风险分析

研究数据表明，林区高压输电线路容易因高压击穿空气或与周边物体接触而产生放电（胡湘等，2010），这主要是由输电线路与附近物体之间的安全距离不足所致。Millera等人在维多利亚的输电线路山火研究中发现，高等级山火风险条件下，电力走廊所在区域与其他大多数区域相比，发生了更多的山火，而且电力走廊内山火发生次数呈现出明显的增长趋势，甚至远超预料，电力走廊内输电线对植被放电已经成为山火发生的重要火源之一（Millera et al.，2017）。因此，为了维护输电系统的安全稳定运行，必须保证输电系统设备与其他物体之间的距离，即最小安全距离，当实际空间距离小于该安全距离时，容易引发线路放电跳闸或造成火灾等问题。由于植被障碍安全距离不足引发的风险，简称植被障碍风险。

为解决电力走廊植被障碍风险问题，需要对电力走廊进行定期巡视和检查，实现植被障碍隐患状态的精细监测和评估，并及时清理存在危险隐患的树木。如图1-3所示为电力走廊树木障碍清理过程。树木倒伐或受大风影响侵入输电线路空间往往造成树闪故障，而且，植被作为电力走廊一种潜在危险，甚至会在未来生长过程中形成对输电线路的重大危害（阳锋等，2009），因而研究各种状况下输电线路与周边植被障碍风险有重要的意义。基于电力走廊巡检所进行的输电线路安全距离诊断和预警，就是通过各种手段量测和分析是否有障碍物超过安全距离，并对不满足安全要求的障碍或危险隐患点信息进行报告和预警。利用无人机 LiDAR 巡线与监测数据在实现高精度植被生长状态模拟将在输电线路安全风险预警中发挥重要作用（白娟，2015；Ahmad et al.，2013）。

图 1-3　输电线路巡检与植被障碍隐患清除

2. 电力走廊无人机巡检数据采集与处理

电力走廊无人机巡检平台是利用低空飞行器贴近电力线路进行快速、无人化巡检的硬件平台基础，主要由无人机、机载平台、通信设备与设施、地面遥控与接收站组成。机载平台可以搭载不同的传感器，实现对电力走廊的隐患与故障基础数据的自动采集（参见图 1-4）。相对于其他大、中型巡检平台，使用无人机巡线具有较大的经济优势和突出的技术特色，如设备投资小、自动化程度高、巡线成本低，而且具有强大的技术优势和较好的安全保障，能够避免载人机巡和复杂地理条件下人力地面巡检带来的安全隐患。基于无人机的最新数字化遥感巡线与监测数据主要有无人机搭载光学传感器采集的红外、可见光、紫外线等影像与视频。

图 1-4 电力线路巡检数据采集过程

面向电力走廊障碍物安全距离风险状态的无人机自动巡检，可分为基于倾斜摄影/多目视觉的巡检方式和基于激光雷达系统的巡检方式。前者往往是用无人机搭载两到多台高精度摄像仪对电力走廊进行多角度倾斜摄影，所获像片经过密集匹配生成高密度的点云；后者利用无人机搭载激光扫描仪、惯性测量单元（Inertial Measurement Unit，IMU）、全球定位系统（Global Positioning System，GPS）等传感器所组成的无人机巡检系统，直接获取电力走廊的近距离、高精度激光点云（Chen et al.，2017）。无人机 LiDAR 采集的激光点云，相比于基于视觉技术获取的影像数据具有更高的空间精度，面对架空线等细小物体具有更高的识别率。基于视觉的倾斜摄影技术可以获取到更精细的对象纹理特征，但生成的密集点云与激光雷达直接采集的点云对比，更适合于较大范围的植被监测以及多源巡线数据融合处理研究，因为密集匹配点云含有更多的纹理信息，但是电力线等占有很少像素的细小目标的空间精度较低。

利用无人机 LiDAR 巡线数据进行植被障碍检测评估过程主要包括：巡线

数据采集、数据解算与检验、目标分类提取、对象三维重建、安全距离分析和危险等级评定等部分。无人机点云处理中面临的难题主要有：海量无序离散点云的高效组织与可视化、电力走廊场景目标自动分类、提取与精确三维重建，以及高效、自动化的输电线路安全距离隐患检测/障碍物检测等。

3. 基于无人机 LiDAR 数据的电力走廊植被障碍检测评估

机载激光扫描(ALS)数据在资源与环境勘察、灾害监测、安全防护等方面具有广泛的应用(张小红，2017)。利用无人机平台搭载具有高精度三维数据采集能力的激光雷达传感器，能够获取输电线路走廊内电力线、电塔、地面、植被、建筑物等各种物体的高精度三维空间信息，并且由于激光脉冲穿透性强，可快速探测植被下的地面信息。一般而言，电力走廊植被障碍安全距离风险检测与评估需要从无人机扫描的激光点云中提取出输电目标与植被、地面等主要对象，而后进行目标对象化三维重建，最终针对每一档中的输电线分析其与周围植被目标之间距离是否符合安全距离标准，以及在外力扰动情况下产生安全距离不足的情况，从而实现树障检测与安全风险预警，为线路维护人员提供数据支持。

架空输电线路周边环绕的植被需要定期进行常规安全巡检。但是在电力走廊中还有其他自然灾害及异物掉落风险需要进行各种监测和评估，在紧急故障和异常气候条件下，线路维护人员不具有便利的巡查条件，无法及时、准确地检测出问题所在。这些隐患和风险，电网需要有及时准确的监测和预警，况且在利用单一来源监测数据进行电力走廊风险监测评估时，在空间尺度、评估准确性与精确预警方面常常难以满足电网安全的大量需求。因此，综合利用气象、卫星、无人机等多源遥感数据，结合多种无人机巡线平台实施巡检和分析，进行电力走廊中线路安全状态检查以及其他风险监测具有极大的实效性和可行性。

此外，无人机激光雷达巡检平台具有其他巡检方式所不具有的高精度、高准确性和稳定性。结合近景遥感、摄影测量等手段，LiDAR 巡检正在为保障高压输电系统的稳定运行发挥重要作用。同时，LiDAR 巡检数据应用于电力走廊植被监测，正在从线路点云处理方法的研究逐步升级为对实际生产应用及工作效率的挖掘和提升，如高精度线路走廊植被生长监测模拟的研究，结合气候气象环境对线路三维状态的分析模拟以及风险评估预测等方面。

因此，本书主要结合气象监测、卫星遥感与机载 LiDAR 等多源数据展开针对电力走廊山火和植被障碍风险，进行快速植被障碍隐患检测和风险评估的研究。

1.4 全书结构与内容安排

本研究从区域山火风险指数出发，构建电力走廊火险指数，划分林区输电线路周边山火风险等级，针对高等级火险区段进行预警，旨在帮助电力公司提高电力走廊植被障碍巡检和树障隐患评估的能力。其次，针对无人机 LiDAR 巡线数据，研究高压输电走廊场景中输电关键要素的自动提取方法和输电线路植被安全距离风险检测与评估方法。结合电网巡线与诊断方面的实际需求研发了相应的无人机 LiDAR 点云处理程序和输电线路安全距离诊断系统，用以进行电力走廊三维精细建模与植被障碍检测，并提供电力走廊巡检区段内的植被风险评估预警信息，为高压输电系统维护提供支持。

全书分为 7 章，系统阐述多源数据应用于电力走廊安全隐患分析及预警的关键技术与内容，并就对线路影响较大的山火风险和植被障碍风险进行了深入研究。如图 1-5 所示，各章节的主要内容如下：

第 1 章，绪论。阐述了电力走廊风险监测与评估的背景与意义、目标和内容，结合输电线路山火与植被障碍故障，分析了利用现代遥感及环境监测手段进行电力走廊风险评估及预警的不同方面的内容。最后对全文的研究思路、主要内容和章节结构安排进行了简单的描述。

第 2 章，电力走廊安全风险评估理论与方法。分析总结了电力走廊山火风险评估的理论和方法及研究进展，提出面向电力走廊特别灾害风险的有针对性、分批次、由粗到精的巡检与评估安全维护方案，而后针对电力走廊植被障碍风险的巡查、检测以及风险评估的手段与方法进展进行了论述。

第 3 章，林区电力走廊山火风险评估模型。通过对电力走廊周边山火诱发因子的详细分析，设计并构建电力走廊火险指数(PC-FRI)计算模型，提出并利用粒子群算法改进层次分析法(PSO-AHP)实现模型因子权重的解算和优化。

第 4 章，基于多源数据与 PC-FRI 模型的林区电力走廊火险评估。以电力走廊多源数据为基础，应用 PC-FRI 模型，构建了对应的山火风险评价体系，对林区电力走廊火险等级进行科学划分，识别高等级火险区域并进行高风险预警，辅助优化电力走廊巡检，从而提高电力走廊安全巡检的科学性和针对性，增强输电线路山火防范能力。

　　第 5 章，基于无人机 LiDAR 数据的林区电力走廊植被障碍风险评估。研究了一种基于无人机 LiDAR 数据的高压输电对象快速提取方法，利用基于层次化网格细分的多维结构特征和空间分布特征进行自动提取，实现了从无人机采集的通道点云中快速分割提取主要高压输电对象。然后，利用电力线对象三维地理空间对象关系，在水平、垂直、净空距离等多个空间角度上分析了电力线周围植被安全距离隐患，为走廊安全维护提供数据支持。

　　第 6 章，林区高压电力走廊安全风险评估实验分析。使用大区域实验数据从不同尺度对电力走廊山火风险与植被障碍及隐患风险进行评估实验与分析，验证所提出模型与方法的可靠性。

　　第 7 章，结论与展望。总结了本研究在电力走廊安全风险研究方面的贡献与不足，并提出下一步的研究计划。

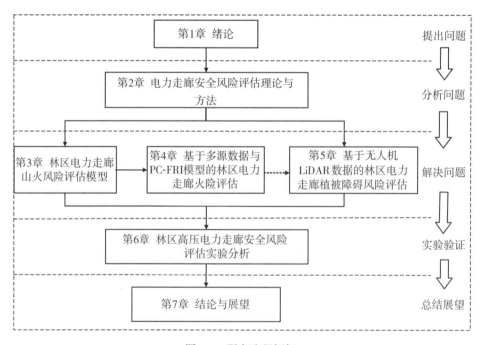

图 1-5　研究流程框架

第2章　电力走廊安全风险评估理论与方法

通过输电线路风险分析与评估可以大致掌握输电线路在电网中的运行状况，是电网规划设计、设备制造、安装、运维、管理的度量。影响电力走廊中各输电设施要素安全稳定的主要灾害有：闪电雷击、覆冰、降雪、雾霾、暴雨、高温、风灾等气象条件异常灾害和污闪、鸟害、山火、洪涝、地质灾害等自然条件异常引发的灾害（张行等，2016；Wang et al.，2016；胡毅等，2014）。山火是其中主要的两大灾害之一（陆佳政等，2015），而线路走廊所在区域发生大面积山火后，往往带来严重的故障，且山火爆发次数逐年增多，不断给高压输电线路的稳定运行和安全防范带来新的挑战（黄道春等，2015）。近年来，输电线路故障引发森林火灾呈现逐年增多的趋势，多是因为植被障碍物接触导线引发输电线对其放电所致——当输电线路周围植被跨越最小安全距离范围时，往往引发线路跳闸或放电造成输电故障甚至引发火灾。故此，从电力防灾防险、设施运维和资源调度等各个方面看，都需要准确评估电力走廊安全风险、实施高效精准的监测和预警。面对电力走廊中两种常见风险——山火风险和植被障碍物风险，研究其影响因素或诱发机制、建立相应的风险评估模型或指标是对电力走廊内线路故障风险进行评估的重要基础，也是电力走廊安全预警的重要内容。

本章主要基于这两种电力走廊安全风险或隐患，综述当前山火风险和植被安全风险的研究进展，包括电力走廊山火风险评估的理论与方法、电力走廊植被风险评估预警的理论与方法、无人机电力走廊障碍物巡检平台特点与方法对比，以及无人机激光雷达巡检数据处理的理论、技术和研究进展等几个方面。

2.1　电力走廊山火风险评估预警理论和方法

电力走廊山火按照其起因可分为因外部火源引发电力走廊所在区域的山火

灾害(常常引发的输电线路运行故障)，和由于障碍物(树障或其他异物)接触导线引发的内部火源导致电力走廊山火灾害，其影响范围可小可大，若未能及时控制，往往使电网遭受巨大的损失。

一方面，直接针对电力走廊山火风险进行评估的研究，以电力专业研究机构为代表(陆佳政等，2014a；刘毓等，2018；陆佳政等，2014b；周志宇等，2017；陆佳政等，2017；Xu et al.，2016)，其方法一般包括故障统计分析、灾害模拟分析和致灾因子评估预测三种形式。也可以结合多种形式，比如从输电线路故障出发，结合实时监测的火情数据，以统计学分析方法为主，通过山火模拟对不同时空状态下电力走廊的影响特征进行评估，从而发出预警(Koufakis et al.，2010；Lee et al.，2009；El-zohri et al.，2013；Frost et al.，2012；刘春翔等，2017；周志宇，2019；陆佳政，2014a；陆佳政，2017；熊小伏等，2018)。

另一方面的研究是结合山区林区火险、森林防火方面的研究成果进行电力走廊区域火灾预测与火险等级评估预警的研究，将森林火险、典型气象灾害等方面的理论与方法应用于电力走廊区域火险研究(Bax，2018；Belgherbi et al.，2018；Jolly et al.，2015；Mitchell，2013；Xu et al.，2018；李德，2013；王琨等，2016；阮羚等，2015；谢辉等，2018)。由于山火的发生和气象环境状况紧密相关，一些学者进行了火险气象因子与火险气象等级方面的研究：分析极端天气和灾害性天气与火险之间的关系，构建不同评估指数进行火险等级的划分等(李德，2013；刘思林，2014；朱奇等，2018；Wang et al.，2016)。

2.1.1　山火风险评估基础理论

为定量地评估山火风险，各国研究者提出了多种火险指数，即衡量山火隐患发生率、蔓延速度和破坏大小等的火情指标。近年来，中国在火险研究方面取得了较大进展，主要研究有火险因子与火灾关系、火险发生规律及火险预测、火险等级区划等方面。

一定的气象条件是野外山火形成和发展的关键要素，且电力走廊所穿越野外区域大多是森林植被覆盖区域，因此，从气象方面入手来探究火险状况对电力走廊山火风险评估具有重要意义。综合利用各种气象因子定性地分析山火相关的气象条件、建立森林火险气象指数、定量地评估火险气象等级，是评估电力走廊山火风险的重要基础。地表形态如地形地貌等则对山火的促进与发展具有推动或抑制作用。频繁的人类活动，较远的河流、道路设施以及密集的植被生长都是山火发生和蔓延的有利条件。总体而言，森林区域的山火因子有风力、湿度、日照、气温、降雨等短期气象因素，以及地形结构、人为设施、气候变化与人类日常活动等综合因素(Shen et al.，2019；周志宇，2019)。

国家电网线路跨越范围很广，受各地地理条件、气候状况、人文环境、经济发展和天气变化的影响，一般在评估山火风险和灾害时，会基于当地电网故障信息对山火发生规律进行探究，然后综合考虑输电线路和其他因素进行不同山火因子权重的分析和验证，从而确定较为适合的火险指数并构建相应的评估和预警体系。建立火险指数的方法包括统计回归、指数查对法与综合指标法(田光辉等，2013；熊小伏等，2018)。针对火险分析的各种实际需求，各领域的学者基于不同方法研究了适宜不同环境特征的火险指数模型(Tian et al.，2011；Tian et al.，2014；赵宪文等，1995；黄宝华等，2011；宋雨，2018；熊小伏等，2018；刘明军等，2016)。

对于火险研究工作来说，立足于不同的分析方法、结合不同的空间特质，侧重不同的火险因子难免会产生不同的火险评估结果。介于预测结果的准确性差异，火险评价模型方面的研究仍待继续完善。因此，在明确电力走廊周边局地微地形结构及微气象环境的差异性之后，还应该针对输电线路本身的结构特性综合考虑，结合输电线路走廊的安全评估和预警需求来设计合理的评估预警方法和体系。

2.1.2 电力走廊火险研究进展

为降低电力走廊山火隐患，除了在山火发生时对电力走廊周边山火进行实时监测，更需要在山火发生之前对电力走廊周边以及廊道内有利于形成山火的气象、人为和自然等条件进行监测、分析和预测，从而针对不同的输电线路区段和不同的山火风险等级，实行有计划、分主次的高效率火灾隐患防治措施。当前，国内外在电力走廊山火风险方向上的研究主要涉及电力走廊分布范围内的山火隐患的风险预测评估(Xu et al.，2016；Millera et al.，2017；França et al.，2014；Mitchell，2013；孙萌等，2019；陆佳政等，2015；毛强等，2012；周志宇，2019；熊小伏等，2018；邱欣杰，2018；刘春翔等，2017；王琨等，2016；阮羚等，2015；赵瑞芹，2019)和电力走廊及其周边的突发山火监测(Lin et al.，2018；Schroeder et al.，2016；Giglio et al.，2016；陆佳政等，2014a)

两个大的方面。前者强调对未发生的火灾隐患的分析和评估，试图以尽可能准确的模型来预测山火隐患，评估输电线路因山火导致隐患的风险水平，区分各区域山火风险的大小等级，为输电线安全和稳定提供预警信息，并为进一步的电力走廊山火精准监测和防治提供支持；而后者强调对正在发生或已发生山火对输电线路危害的监测，往往仅关注对电力走廊内布设了传感器的输电线路区段的火灾监测。

电力走廊山火风险或隐患源自山火造成导线与大地或相线之间闪络跳闸，山火、高温与大风等气象灾害相互作用造成导线断股、杆塔不稳，或导线弧垂扩大、摆动导致空气击穿、接触他物放电或闪络跳闸等(钟海杰等，2015)。山火引发跳闸一般是因山火形成高温使火焰周围空气的电导率增大，或可燃物燃烧产生漂浮颗粒，使得输电设备本身的机械和电气性能大幅下降而形成。输电线路常因空气间隙被击穿引发跳闸事故，此种故障重合闸成功率低，停运时间较长，恢复运行较为不易(黄道春等，2015；Koufakis et al.，2010；Lee et al.，2009；El-zohri et al.，2013)。导线放电事故故障概率一般会随着山火爆发的强烈程度而变化(宋嘉婧等，2013)，持续干旱对输电线路山火故障的发生同样具有较大推动作用(陆佳政等，2016)。

1. 电力走廊山火监测预警

监测山火是评估电力走廊火险的基础工作之一。通过文献统计，从电力走廊火险分析中山火数据的来源可以看出，有些山火预测模型与火险评估预警方法使用了实时检测的山火发生数据，另一些方法使用了山火统计与预测数据，如对历史火点数据经过统计学分析测算的电力走廊附近山火发生概率，或者是结合气象监测数据、灾害性天气和自然灾害预警信息预测山火发生概率，从而评估电力走廊内线路受山火影响的风险水平。电力走廊山火监测预警方法，包括实时山火监测警告方法和基于火灾过火前后比对检测的综合监测方法。在监测手段上分为针对大范围线路所在区域的遥感卫星监测和针对高等级火险重点防范区的电力走廊精细监测。精细监测主要利用视频图像、烟雾感应、激光雷达、红外或热敏等传感器对电力廊道内烟雾、电火花、动态对象、温度异常等现象进行近距离监测(毛强等，2012；陈锡阳等，2015；赵瑞芹，2019)。利用远距离遥感卫星监测预警电力走廊山火，不仅要检测山火发生，也要预测山火的发展变化，并评估山火与输电线/塔的空间距离，从而实现火险预警。这些都需要立足于对山火发生的精确预测和对火情的准确监测与模拟。

　　表 2-1 对上述几种山火监测手段的优缺点分别做了简单的归纳与对比。卫星遥感技术是一种高效且广为使用的山火监测技术,遥感卫星的监测范围广、更新时间短、监控数据获取迅速、成本低且更为可靠,应用于森林资源调查和山火监测有很大优势。Mphale 和 Heron 分析了植被燃烧物与电力走廊线路故障之间的作用机制,研究了一种利用气象卫星监测山火的方法,该方法可以使用 AVHRR 和风云三号卫星数据进行山火监测(Mphale et al.,2008)。梁允等结合输电网分布信息与卫星监测的火点数据,精确识别和定位火点,利用所建立的电力走廊山火监测预警系统来分析输电线路受影响区段与杆塔,根据火点与杆塔相对距离来制定并发送预警信息(梁允等,2013)。

　　基于多传感器或传感网的山火监测时效性强但监测面积小、成本高且维护难度大,当前仍在实验与应用研究阶段(刘毓等,2016)。陆佳政等基于山火卫星监测技术研究了电力走廊山火监测与预警方法,首先基于地图网格化搜索和数据库引擎技术提出了一种火点邻近杆塔的快速距离计算方法,然后按照杆塔与火点的距离制定了 3 个级别的山火告警等级,生成并发布警告,所研发的山火监测预警系统,在多个省份的跨区线路山火监测预警应用中得到实践和检验(陆佳政等,2014a)。叶立平等对卫星遥感监测与无线传感网监测两种技术进行了对比和分析,展望了山火监测技术的应用前景,并提出了具有指导性的建议——在大范围山火监测中,实施电力走廊山火风险监测评估,可以综合利用多源数据绘制出输电线路山火分布图;其后,在对高风险重点监测区段布设远距离、高精度火灾探测器,建设精确的山火警报系统(叶立平等,2014)。

表 2-1　　　　　　　　　　　　　　输电线路山火监测技术比较

监测技术	时效性	监测面积	可靠性	维护便捷性	成本
卫星遥感	一般	极大	较好	好	极小
视频图像/激光雷达/红外等无线传感器	好	一般	好	差	大

2. 电力走廊山火风险评估预警

　　电力走廊山火风险研究就是为了通过山火监测、山火气象监测或山火风险分析实现火险评估预测。因此,电网防灾要针对电力走廊所在区域的"微地形""微气象"和周边山火重点防范区,获取某条电力线路或是线路走廊某一区段周围的精确天气预报、灾害预警等信息(周志宇,2019;Wang et al.,2016;阳林等,2010),结合地表植被与人为活动等数据进行精细的风险分析和隐患监测,进而实现山火条件下的输电线路安全风险预警。

山火诱发因素包括不同时间尺度的(最高、最低)气温/日照时长/气压/相对湿度/蒸发量/降水量/干旱指数/风力等气候或气象条件因子,可燃物状况/植被指数/地表覆盖类型因子,地质/地形或自然地理因子,人类活动(范围)、人工设施等人为因子。在不同的时间、空间尺度下,选择不同的火险因子建立的火险评估模型,会获得不同的电力走廊火险评估结果。因此,研究火险因子之间的关系、如何选择火险因子,以及建立可靠且适用于评估输电线路火险的评估模型一直备受关注。Mitchell 分析认为,极端天气条件极易造成电力线路故障并因此引发电力走廊周边火灾,风速作为其中一个重大的推动因素,常常是这些极端状况下线路故障的重要推动力(Mitchell,2013)。熊小伏等认为电网风险因气象因素具有的强烈季节性而表现出时间波动性,指出故障率是电网计算可靠性、评估安全风险的关键指标之一,他们在进行电力线路可靠性和风险评估时考虑了电力走廊内部的其他环境气象因子,并拓展了线路风险评估与可靠性评估的时间尺度,从而克服了传统的年均故障率模型在面对短期电力系统风险评估时的不足(熊小伏等,2015)。Shen 等结合短期气象因子与长期气候变化,研究了全球火险的变化规律,一定程度上揭示了火灾与气象、气候之间可能存在的关联机制,强调在山火分析时除了要对山火事件发生的规律进行统计分析,还应对比各诱导因子之间的差异性(Shen et al.,2019)。Ferreira 等利用气象卫星数据研究了全球火灾的季节性强度变化和未来火险预测方法,此方法受到的地域性限制较小(Ferreira et al.,2020)。Ziccardi 等使用 2005 至 2016 年这 12 年间的气象数据和历史着火数据,以每 5 年为时间尺度分别对比了 logarithmic Telicyn index、Monte Alegre formula(MAF)和 Advanced Monte Alegre formula(MAF+)三种火险指数在巴西索罗卡巴地区的预测精度,评价指标使用了 Heidke 评分和成功率得分,评价结果为 MAF+的预测效果更为突出,该研究基于 MAF+评估并划分火险等级,结合核心密度估计法制作了重点灾害区的火险区划图(Ziccardi et al.,2019)。

由于现有山火风险预警的研究集中在输电线路山火监测方面(叶立平等,2014),而对电力走廊分布区域山火风险的精确评估和预警模型的研究相对不足，将已有模型直接应用于实际山火防灾工作中，其准确性难以满足电网的实际需要。为解决火险评估模型的准确性不足问题，刘春翔等选取多种山火因子，使用 BP 神经网络方法实现了一种新型输电线路火险模型，解决了因子评价的复杂性问题，该方法首先选择山火主要影响因子(线路巡查结果、电力走廊气象信息、森林防火与山火监测数据、火情跟踪数据等)，然后通过模型计算输出火险等级，最后通过实验验证了模型对火险预测的准确性和可靠性(刘春翔等，2017)。周志宇为了实现对输电线路山火跳闸风险进行精确的实时分析，针对现有算法中因电力走廊杆塔周围的微气象难以获得而造成山火预测信息不准的问题，利用地球同步轨道卫星获取的多种不同分辨率的电力走廊山火气象监测数据进行多时相嵌套，实现不同尺度高时效的精确气象数值预测，结合降水、风场、植被等气象和环境因子实现输电线路山火跳闸概率实时计算，并在湖南省进行了实验验证(周志宇，2019)。刘明军等使用模糊判别法，以宏观气象条件为主，结合电压等级、地形条件和火情预报信息，建立了输电线路山火故障风险评估模型，实现了输电线路火险评估和线路山火故障率预测。利用该模型能够在山火发生后，根据走廊内植被信息实时预测火情变化并更新火险状态评估线路及邻近区域发生山火的风险等级，制定山火风险等级分布图(刘明军等，2016)。张校志研究了基于卫星遥感数据的高压电力走廊地表覆盖变化与山火易发性的关系，使用湖北省历史山火故障数据，将周边森林防火区植被划分为疏林和密林，分别对比了与山火灾害事件之间的相关性；将选取的超高压和特高压电力走廊区域确定为沿线路构建的 1.5km 缓冲区，使用高分系列卫星多源观测数据提取电力走廊条带内的地表类型及植被长势，分析了咸宁地区多条高压线路地表覆盖类型变化与山火发生次数的关系，评估了山火易发性。其中用到了植被类型、气候因子、历史山火数据和人为活动信息(张校志，2017)。朱奇等详细分析了使用层次分析法(AHP)进行山火风险因子权重计算和电力走廊火险评估的原理和方法，建立了基于层次分析法的输电线路山火预警评估模型，利用专家扣分评价法进行分值计算，实现杆塔周边的山火灾害状态评估，并给出了风险防治建议(朱奇等，2018)。王琨和范冲基于层次分析法研究了输电线路山火影响因子的重要性和各影响因子的贡献程度，将各因子分为地表覆盖类因子、地理因子、气象火险指数因子、地表植被干旱指数和历史火点统计因子，对比了各个子类因子的权重计算方法，讨论了层次分析法、聚类分析法、主成分分析法与熵值法等方法在因子指标评估中的优缺点，将层次分析法所得权重与熵值法分析结果进行了实验对比，认为 AHP 评估对各类因子的权重分配更为平均，且发现地表覆盖分类、海拔和干旱度因子的权重最高（王琨等，2016）。Xu 等研究了清明节期间湖北省境内卫星遥感火点的历史规律，挖掘了超高和特高压电力走廊分布区域的降水量、地表类型、归一化植被指数等因素与冬春季湖北省内电网分布区山火发生统计次数的相关性，建立了一种电力走廊月度火险模型，研究了一套高压电力走廊火险评估系统进行验证，其预测结果在湖北地区具有良好的准确性（Xu et al.，2016）。

上述山火风险研究中大多涉及了多个不同火灾相关因子，但是这些风险评估结果往往在空间分辨率上都是以千米为基本单位，其空间尺度对电力走廊风险精确评估和预警仍存在不足。已有的电力走廊火险评估模型一般在时间尺度或者在空间尺度上难以完全满足电力走廊山火风险评估预警的实际需求，而且大多研究只是针对很少的几条或几千米范围内的输电线路走廊实现了评估预警，未能在电力走廊防火预警应用方面取得稳健而普适的效果。在林区高压电力走廊山火风险防范工作中，山火预警策略和方案常常以森林火险区为基础，需要利用各种手段加强高等级火险区的监测、预警和防范，同时兼顾电力走廊中、低火险区段。因此，在大、中尺度上已有的森林火险研究具有极高的参考价值，而在电力走廊内部小尺度上进行输电线路山火故障风险评估及预警研究尚有不足：除了要研究电力走廊环境因素，还需对输电线路特性进行精细分析。熊小伏等以统计学为基础研究了输电线路气象风险精细化分析的特征指标与模型，具体研究过程是在对林区电力线路所处地理环境和山火引发故障时空分布特性进行分析的基础上，利用森林气象数据、历史山火数据和输电线路运行数据评估了四川凉山州的两条高压电力走廊内山火发生的概率和山火条件下的线路故障率，构建了时空分布特征下的电力走廊火险评估模型，对林区电力走廊几种气象灾害和风险实现在线评估预警（熊小伏等，2018）。Wang 等分析了气象环境对输电线路的作用规律和故障特征，基于统计学方法研究了输电线路气象灾害风险，提出了输电线路气象风险精细化评估和预警理论，建立了输电线路在线评估模型，为电力走廊线路故障精细化风险评估和实时预警发挥了推动性作用（Wang et al.，2016）。

这些针对电力走廊山火的安全风险分析方法大致可以归为三种类型——基于统计分析的方法、基于预测评估的方法，以及综合使用统计分析和预测评估的方法。基于统计分析法的风险概率估计，有利于从山火故障大数据中挖掘山火风险规律,在大概率隐患预测方面效果较好(Frost et al.,2012),但在具体的时空差异性方面考虑不足,不利于对线路外环境因子突发性的分析,并且该类分析模型往往受研究区域和信息统计周期的制约,不具备较好的应用迁移能力。预测分析法则结合各类火险监测数据,如人为、地理、气象环境及灾害预报数据,利用地理空间回归、层次分析、熵值法等理论或方法来建立时空差异性分析模式和短期评估的火险评估方法(França et al.,2013),但预测分析法容易因为对火险相关因子考虑不全而使模型结果产生片面性,或者因为难以考虑周全而使模型分析能力存在局限性。因此,在火险分析模型开发中往往需要综合考虑山火因子之间的空间相关性,结合历史统计数据分析引发山火故障的主要因子,将综合分析和预测评估相融合,构建合理的电力走廊火险评估模型,为山火灾害预防预警提供可靠的风险分级预测信息。

面对林区电力走廊山火隐患,目前能够完全适用于电力走廊山火风险评估的分析模型和评价指标也是少之又少。首先,广域野外电力输送网的山火监测、火险评估预警方面,常利用森林火险评估体系进行初步评估和预警,但是森林火险评估模型由于目标范围广、空间尺度大(Cáceres,2011),所生成的山火分布图或火险等级图仅具有较低的空间分辨率低,难以在电力走廊防火与山火预警中发挥最佳效果;其次,在当前阶段,电力走廊火险精细评估预警实践中,可以采用在极高等级火险重点防范区段布设备类远程传感器或建立传感网的实时监测方案,但是因其代价高昂,不易控制,很难在所有电力走廊区域内普遍实施。目前已有的一些火险评估模型,大多具有以下局限性:①覆盖面广,但针对性不足;②以行政区划为单位,但是无法服务于电网精细化的实际需求;③在电力走廊"微地形"区域,精度不足,空间分辨率无法对单条线路走廊中的单个或多基杆塔周围的精确状况进行分析和预警;④多以气象因素为主而没有对所有线路和环境进行综合而全面的考虑;顾及面向山火风险的林区电力走廊树障检测,需要有输电线周边火险的准确等级区划作为参照,进而在电力走廊障碍物风险检测与评估时对不同线路、不同区段进行优先级设计。因此,考虑到电网安全需求和电网实际生产与日常巡检需求,迫切需要更精准及时、具体可靠的山火安全风险评估方法。

总而言之,现有的火险评估方法在空间尺度上尚不能满足电网多层次、精细化的灾害防范和预警需求,在输电线路的不同防火层次中的评估预警方法仍需要进行更为深入的研究。面对这一问题,本研究将综合多种火险因子,构建一个具有高空间分辨率和短期风险预测评估能力的电力走廊火险指数模型，以弥补现有模型在空间尺度和精细预测方面的不足。

2.2　无人机电力走廊巡检研究进展

超高、高压输电线路是我国南北纵横网络的核心，南方电网 2017 年统计数据显示，所辖五省范围内穿越林区的超高、高压架空输电线路长度在超高、高压总长度中占比近 67%，而随着森林生态的不断恢复、森林覆盖率的不断提升，森林植被给高压电力走廊安全造成的影响正在持续增加（徐云鹏等，2013）。树线矛盾问题，即高压架空输电线路通道的植被清除与线路维护问题，一直是电网高压电力走廊安全和运维中的重点环节。由于山区中电力杆塔大多位于山顶，输电线路因山火跳闸也多发生在接近山顶或山腰植被茂密的位置，而且山林植被着火产生高温和烟雾是产生线路故障的主要原因，因此山地林区等野外电力走廊区域特别需要加强线路植被障碍的巡查、检测与清除（吴田等，2011；吴田等，2012；陆佳政等，2015）。

基于无人机的巡检技术在电力安全和建设中具有广泛应用，利用无人机巡检平台搭载不同的传感器可以实现对电力走廊中实际状况详细而深入的调查，从而进行精确的风险检测与评估。其中，无人机激光雷达巡检自动化能力强、定位准确、数据精度高，是电力走廊安全巡检、缺陷与隐患检测研究中的关键技术之一，正被逐步应用于电力走廊植被障碍风险检测和预警管理之中。

2.2.1　无人机电力走廊巡检平台与技术

1. 无人机电力走廊巡检平台

电力走廊巡检也可以称作电力巡线，随着电力行业发展，电力巡线方法经历了从人工现场目视巡检、有人参与的遥感手段巡检到无人机及机器人自动巡检。美、加、日等国于 20 世纪 50 年代开始将直升机应用于架空输电线路建设和巡检。之后，搭载了数码相机、红外、激光雷达等各类传感器的直升机、无人机逐渐应用到了电力线巡检和电力走廊植被监测等方面（Reed et al.，1996；Axelsson，1999；Bembridge et al.，2007）。无人机巡线是近十多年兴起并逐步投入使用的一项新型技术，融合了航空、电子、电力、通信、飞控、气象、遥感观测、图像识别、信息处理、地理信息等多个高端技术领域（陈晓兵，

2008），集合了机体稳定与飞行控制技术、数据与通信技术、导航与遥感技术、快速对焦摄像技术与故障诊断等多个方面的知识。目前，无人机巡检研究成果有基于视觉自动跟踪导线的自主巡线体系、垂直起落式无人机巡线系统、无人直升机巡线系统等（Mejias et al.，2007；Montambault et al.，2010；Jones，2007）。

现代无人机不仅可以远距离、快速高空自作业，还能够跨越河流、山地进行快速巡线，实现输电线路和廊道内各种设备和地物基于光谱或基于激光雷达的巡检和监测，为电网提供数据支撑。应用于无人机巡线中的无人机有多旋翼、固定翼与直升机三种，如图2-1所示。经济、安全且易操控的中小型固定翼及多旋翼无人机目前很受青睐，体积小、灵活性强，但是在稳定性和续航能力上有明显的缺陷（李力，2012）。无人直升机体型较大、机械结构复杂、保障要求高、对操作人员的要求相应比较高，危险性比较大，并且成本较高，但是相比较之下，无人直升机平台更稳定、抗风险能力强、续航时间和单次巡航里程更长，可以搭载较多的传感器，依然是目前研究与应用的主流平台之一。随着飞行器平台和传感器的轻型化，小型无人机所能搭载的传感器的有效测量范围在缩小，工作频率也因此而降低，各方面的性能正在不断地提升。在当前形势下，电力巡线以人工地面巡检与大型无人机巡检为主，辅以小型无人机巡检。除此之外，基于移动巡线机器人的线路挂载式巡线也是热点研究之一（Jones，2006；Tavares et al.，2007），不过因为其价格更为昂贵且效率极低，暂时难以批量化应用。

2. 无人机电力走廊巡检方法对比

传统人工巡线存在效率较低，无法在特殊天气、特殊地形情况下开展工作，以及安全性不足等问题。相比之下，无人机巡线在自动化、方便携带性、反应能力、载荷种类等方面具有明显改进（Colomina et al.，2014），其中，小型旋翼机更是对起降位置和安全操作的要求在不断降低，且在对线路近距离巡查方面有较大的优势。常见的无人机配置种类有多谱段长航时测图型相控高精度勘测无人机，一般为固定翼；长距离实时监控型或全天候实时摄影型无人机，一般为固定翼或旋翼机；激光测距型无人机（挂载激光雷达传感器），一般为直升机或固定翼。不同机型的用途不一，固定翼无人机可以进行应急、常规飞行巡检，适于自然灾害预警巡视及紧急事故巡视，或进行大面积、长距离的线路普查，例如用于解决输电设备面临的突发自然灾害问题（Julien et al.，

（a）无人直升机　　　　　　　　　（b）旋翼机

（c）固定翼无人机

图 2-1　不同类型的电力巡线无人机

2010）。无人直升机巡查飞行的优势是易于操作和控制，可搭载多种勘测设备，适用于定期进行日常巡线任务，如搭载可见光/紫外/红外巡线系统，可以在白天或夜间针对输电线路设备进行近距离的详细检查（毛强等，2012）。而搭载激光雷达传感器，可以针对电力走廊进行三维精细重建并评估走廊内物体的危险状况（Vale et al.，2007；Zhang et al.，2017），或者融合多传感器进行综合巡检（Deng et al.，2014；王珂等，2016）。旋翼无人机由于其体积较小，更适合于精细的近距离巡检。目前无人机巡线的主要研究热点为搭载单目/多目相机或轻小型低成本激光雷达传感器进行基于立体视觉或激光雷达的巡检（Araar et al.，2015；Sun et al.，2006；Matikainen et al.，2016）。此外，巡线机器人一般使用基于视觉或基于激光雷达的方式（Katrašnik et al.，2010；Qin et al.，2018），基于视觉的巡线方案可以解决目标匹配和跟踪问题，便于进行部件缺陷检查或者通道目标巡视，而激光雷达可以通过获取三维测量数据进行更精准的目标位置检测和空间距离分析，是相对比较新颖的研究方向。

按照平台搭载传感器的不同，可分为人工目视巡检，基于卫星图像、合成孔径雷达、航空/近景影像及视频的巡检，基于热红外/紫外成像的巡检和基于激光雷达传感器等巡检方式（佚名，2011；Matikainen et al.，2016）。本研究按照数据处理过程将无人机遥感巡线技术分为基于二维处理技术的巡线方式和基于三维技术的巡线方式。二维的巡线手段，比如利用可见光影像或视频的缺陷自动识别技术，具有可训练、可实时检测的优势。利用红外或紫外成像的缺陷自动识别技术，可以在阴天或夜间情况下，快速检查并定位出发生过热损坏或者异常放电故障的部件，不受夜间光照的影响。三维的巡线手段则可以针对线路内障碍物隐患，如对跨越安全距离限制的地物进行精确检测和危险性评估。利用三维技术的巡线手段一般包括基于激光雷达技术和基于单目/双目视觉（或称实景三维测量、倾斜摄影、摄影测量方法）技术的巡检诊断（Araar et al.，2015；Sun et al.，2006），视觉巡检技术更适用于电力走廊场景中部件状态检查，而立体视觉在输电线路植被监测方面具有极大优势（具有三维空间信息和颜色信息）。LiDAR巡检的优势是可以直接获取场景的三维扫描数据，进行空间距离或位置分析，例如判断输电线安全距离、交叉跨越、弧垂、风偏分析以及杆塔倾斜、形变等方面。各种巡检手段的比较详见表2-2。

表2-2 **各种输电走廊巡检手段的简单对比**

巡检手段	精度	分辨率	覆盖面积	效率	灵活性	成本
航空影像	中	中	大	高	高	低
无人机影像	高	高	中	中	高	中
线载机器人	高	高	小	低	中	高
无人机激光雷达	高	高	中	高	高	中

巡检手段	精度	分辨率	覆盖面积	效率	灵活性	成本
地基激光雷达	高	高	小	中	低	中
人眼观测	低	/	中	低	中	低

按照传感器所搭载平台的不同，将巡检方式划分为车载巡检系统、机载巡检系统、线路挂载的挂线巡检机器人等。本研究主要涉及应用无人机载激光雷达巡检技术的相关内容。

2.2.2　无人机 LiDAR 安全巡检技术

电力走廊安全距离巡检主要是对电力走廊内容易引发系统故障或导致危险事故的障碍物所造成的安全隐患问题进行检测和分析，是保障电力走廊安全稳定的重要基础。一般认为障碍物是与导线间距离小于安全阈值的物体的统称（张勇，2017）。

无人机 LiDAR 输电线路巡检系统是结合高精度遥感测量技术和先进的无人机控制与通信技术进行输电线路环境精确测量和分析预警的一套激光雷达测量系统。应用于电力巡线，可以获得精细化的巡检结果和更加准确的线路故障与缺陷分析判定，实现长距离输电线路高精度的通道测量、线路杆塔的倾斜和沉降检测、线路垂弧预警及线路周围树木、山体、地质灾害对线路的威胁预警，做到精确检测、提前预防，避免输电线路故障的发生，为线路安全稳定保驾护航[①]。在无人机电力走廊安全距离巡检方面，基于激光雷达测量技术的无人机巡线方式具有无可比拟的优势，精度高、扫描快、定位准确、自动化程度高，并且可穿透性强，能够获取受植被遮挡的地面回波数据，使用成本已经达到可接受的范围并且仍在不断降低，数据点数虽然不如固定站或者移动扫描的点数密集，但是在无人机载系统中其精度相较于倾斜摄影得到的密集匹配点云的测量精度更高。

无人机 LiDAR 巡线过程一般是先采集后处理。其中的关键问题主要有线路规划、通信控制与数据传输，以及数据处理。关于无人机 LiDAR 巡检方案的研究已经比较成熟，主要是根据所使用的无人机搭载平台进行调整，满足所

---

① 来源：https://www.powline.com/products/pls_cadd.html.

要进行的巡检和数据采集需求，对于大范围的巡检过程更要结合任务成本和巡检区域来设计不同的平台组合。巡线数据处理是电力线安全巡检中非常重要的内容，主要研究有点云滤波、目标分类和提取、电力走廊三维重建、线路障碍物安全距离诊断和植被风险评估等方面。输电线路障碍物检测是电网输电安全中非常重要的内容，当前，研究不同的场景下高效的巡检数据处理和障碍物检测方法仍是国内外关注的热点问题。

2.3 无人机 LiDAR 巡线数据的处理过程

利用无人机搭载激光雷达传感器，对电力走廊输电目标和地物目标进行三维精确扫描，可以得到高精度的激光点云。依据对象的物理和几何特性可以从大量的点云中提取输电目标和地物目标，进而重构其三维模型，根据架空输电线路运行规程所制定的安全距离标准检测超越限制的危险(树木类)植被障碍，评定风险等级并进行预警，为电网建设、管理和维护服务。

基于无人机 LiDAR 数据的植被障碍静态安全距离风险评估预警，主要是对数据采集时电力走廊植被与输电线路安全距离进行诊断，数据处理过程包括：

(1)点云中对象分类和目标提取；

(2)对电力线、电塔等目标进行三维重建；

(3)植被障碍安全距离检测和风险诊断，根据诊断结果对重大风险隐患点预警。

2.3.1 电力走廊 LiDAR 点云目标分类和提取

对于电网信息化及安全管理来说，通过 LiDAR 巡线数据获取的高压电力线、电塔的三维地理信息，以及进一步重建的三维模型(图 2-2)，是电力走廊安全维护和无人机遥感监测的重要基础。

电力线走廊 LiDAR 数据分类包括基于语义规则的方法和基于机器学习的方法这两种。前者大多需要预先识别地面点，从而根据相对高程差、高程点连续性、局部邻域点特征向量等特征来识别不同类别点。此外，虽然牺牲数据精度优势而利用数据降维进行分类的方式不是很多，但是可以将点云转化为影像或建立格网索引，进一步可以使用一定范围内点集的平面/剖面特征进行分类。

边界　　　　　电力走廊　　　　边界

图 2-2　电力走廊线路巡检区域断面示意图（Qin，2014）

为确保提取效率不受地面滤波处理的影响，一些学者选择了不预先分割地面点云而直接进行电力目标提取的研究方法。Ortega 等基于图像掩膜的方式实现电力目标分类（Ortega et al.，2018），Zhang 等根据高程分布和电力要素空间联系提取了电力目标（Zhang et al.，2019）。基于机器学习的分类方法的难点在于分类之前需要提取多种不同特征来构建分类器，分类器的精细程度或训练样本的好坏往往会影响分类算法的效果。Kim 和 Sohn 利用多层次随机森林分类器（Kim et al.，2013）提取了多种场景目标，Guo 等以点为对象利用 JointBoost 分类器（Guo et al.，2015）实现了电力线、电塔、地面等 7 种地物的快速分类，Zhang 等以对象为数据基元，使用 SVM 方法实现了城市场景多类型分类（Zhang et al.，2013），Yang 和 Kang 利用了马尔可夫随机场结合多尺度特征进行分类，并基于体素分割方法实现了机载点云电力线提取（Yang et al.，2018）。基于机器学习的方法一般在一次分类后就完成了点云场景中多目标的分类，但在场景迁移能力上往往存在欠缺。

　　电力走廊关键输电目标识别有针对场景的整体目标识别（Kim et al.，2013；Sohn et al.，2012；Ortega et al.，2018；Arastonia et al.，2015；穆超，2010；Guo et al.，2015）和基于对象特征（电力线）的单一类别目标识别（Araar et al.，2015；Zhu et al.，2014；Chen et al.，2018；Liu et al.，2014；Jwa et al.，2012），但是目前仅对单一类别目标识别的研究相对成熟。单根电力线具有的局部投影线性、同档不同相线之间近似平行特性和高程分布特性（高程统计直方图特征）是提取电力线的重要信息（Kim et al.，2013；Zhang et al.，2019）。Wang 等在顾及空间拓扑关系和对象结构特性时对提取结果进行了优化(Wang et al.，2017)。而电塔的提取，常常需要在地面点滤波之后进行切片分析或利用电塔具有的较大高程差与垂直方向分布连续性、水平方向密度大以及水平分布有向性等特征来完成，或者结合先验信息或者利用图割思想、三维转图像的思想及电力线路对象之间空间关系的思想实现电塔点云提取(Wang et al.，2018；林祥国等，2016；Zhu et al.，2014；段敏燕，2015；Awrangjeb et al.，2017)。

当前实际应用中存在的问题是，往往在单一场景下或者对单一类型目标提取效果良好，但是在大面积复杂场景巡线数据处理中，常常会面临地形多变、环境复杂，干扰因素多等问题。因此，需要综合考虑几种要素的相互关系，纠正结果，降低错误率。实际上，目前能够将两类或多类目标进行综合，以实现快速准确的电力要素提取方面的研究相对较少。

2.3.2 电力走廊电力目标三维重建

1. 电力线三维重建

电力线三维重建，即将离散的电力线点利用数学模型重构，形成连续的、具有空间属性关系的可描述对象，是电力线安全距离分析、障碍物危险检测、电力走廊场景三维可视化、导线弧垂分析与灾害模拟/评估的基础。Melzer 和 Briese 将三维空间分解为两个互相垂直平面(XOY，XOZ)，在 XOZ 投影空间内利用悬链线描述电力线，使用 Hough 变换方法分析单条电力线点并确定单档空间内不同电力线点的空间关系，使用二维悬链线方程实现了电力线重建(Melzer et al.，2004)。McLaughlin 分析并证明了利用悬链线模型拟合电力线方法的可行性，且用双曲余弦函数进行了表达(McLaughlin，2006)，在基于 LiDAR 数据的电力线三维重建方面被广为采纳。段敏燕对基于悬链线的电力线拟合方法中垂直投影面的选取进行了改进，使模型方程更便于求解和后期计算(段敏燕，2015)。由于悬链线方程解算相对复杂和耗时，因此有研究分别利用简化后的抛物线模型和多项式模型代替了悬链线模型方程来进行电力线三维重建(Cheng et al.，2014；赖旭东等，2014)。Jwa 和 Sohn 考虑了电力线受风舞动的情况，基于微小电力线分段拟合再整体优化的建模思路，研究不平衡风力作用下扭动电力线的最佳重建，实现了在模拟受风舞动的电力线点云中对微小区段(MDL)最佳拟合、优化合并各个电力线模型(Jwa et al.，2017)。

基于以上模型的电力线重建一般是针对一个档距内(任意的连续两个塔之

间)的电力线，需要在重建之前将所有电力线按档划分。常用思想是先完成电塔识别后分档重建，或者是在预先已知电塔信息的情况下直接分档重建。重建的方法有基于电力线模型的区域生长方法和根据导线自然特征分段多步拟合的方法。Jwa 和 Sohn 使用区域生长与合并方法，利用种子区域电力线点构建悬链线模型检测电力线(Jwa et al.，2012)。Jwa 等在划分了网格体素检测电力线片段之后基于体素进行网格生长(VPLD)，完成电力线检测和重建研究(Jwa et al.，2009)。Guo 利用了单档内垂直切片的相似性，逐个纵断面进行检测完成电力线目标探测和重建(Guo et al.，2016)。这些模型生长检测方法往往结合连通成分分析来完成电力线检测(林祥国等，2016)。Jwa 和 Sohn 对任一档距内和邻接档(inner and cross span)分别分析和检测，修正了因模型欠分割或过分割导致的不完全重建或过度重建(Jwa et al.，2010)。其他基于特征分割重建的方法一般是利用了电力线的几何分布特征(如密度、高程、线度、方向、悬空、高程统计直方图等)进行分段与重建(Ritter et al.，2012；段敏燕，2015；Wang et al.，2017)。Melzer 和 Briese 利用图像处理巡检中常用的霍夫变换方法检测直线并采用最小连接层次聚类(minimum linkage hierarchical clustering)方法进行分段(Melzer et al.，2004)。余洁等同样使用了霍夫变换方法，并通过检测局部最高点作为电塔点来分档(余洁等，2011)，但是这种分档方法易受地形起伏变化制约，从而导制方法的场景适应性受限。

2. 电塔三维重建

在输变电系统电塔设施重建方面，Arastounia 与 Wu 等分别基于激光雷达数据针对变电站场景中的各种器件和电力设施进行检测和提取，然后基于数据驱动重建了该特殊电力场景下的各种类型的电塔对象及其细部附件(Arastounia et al.，2015；Wu et al.，2018)。

在基于 LiDAR 数据的高压输电塔重建方面，有基于模型驱动或者基于模型与数据混合驱动的方法两种类别。基于模型驱动的重建方法是主流，已有研究相对较多，其中具有代表性的有：Guo 等利用经典的蒙特卡洛-马尔可夫链(MCMC)技术实现了基于能量优化的高精度的电塔模型自动生成方法，并建立了一个吉布斯能量函数来测定模型与电塔点云的符合程度(Guo et al.，2015)。Li 等和 Chen 等的研究相似，主要是基于不同的分类方法分割电塔，然后按照塔头、塔身及塔身的结构划分对电塔进行相应结构化检测和重建(Li et al.，2015；Chen et al.，2014)。在混合驱动重建方面，Zhou 等结合数据驱动和模型驱动策略，提出了一种机载点云高压电塔启发式重建方法，电塔被划分为塔头和塔体——塔头部分使用模型驱动的参数化模型重建方法自动适配塔头模型库，而塔体则是利用数据驱动的方式进行重建。此方法采用了最优策略对不同的塔体进行重建，对噪声和塔体数据不完备的情况具有较强的鲁棒性，并且在对塔头模型参数进行估计时，降低了参数依赖且能够限制塔头点搜索范围，从而降低了计算复杂度(Zhou et al.，2017)。

此外，在电力走廊场景三维重建的时候，绝缘子检测和重建也是一个公开问题，相对来说处于深水区。从无人机 LiDAR 数据中检测绝缘子是对高压电力走廊场景中电力要素对象进一步精细重建的重要内容，以往的研究中多有悬挂点检测的方法被提出，但是完整检测到绝缘子点云的研究极少，其中一个重要原因是在机载数据中，若非无人机与电力线距离很近，则很难采集到很多绝缘子点。Ortega 等以密集匹配点云为基础，在首先完成电塔和电力线的初始分类之后，进一步利用悬链线方程进行了导地线和跳线的检测，最后在电力线端点处执行多方向搜索并依据相对高度差和聚类点云主方向来确定绝缘子点云(Ortega et al.，2019)，实验效果比较依赖生成点云密度和精度。此外，受绝缘子的材质和扫描角度所限，有的玻璃绝缘子往往会被激光点所穿透，因此实验操作较难。挂线机器人的巡线方式相对容易实现，但是在扫描方向和巡线控制方面会有更多的要求。

2.3.3 电力走廊植被障碍安全距离分析与风险评估

高压电力走廊场景包括需要重点维护的电力部件如杆塔、导线与其他挂件等输电系统要素以及植被、建筑物等非电力要素，这些植被、建筑物、交通设施、交跨线路在特殊情况下(山火、飓风、雷击等)往往会成为导致线路故障的重大安全隐患。因此，《架空输电线路运行规程》(DL/T 741—2015)中明确规定了各类非电力要素与电力线要素之间的最小"安全距离"标准。

电力走廊中植被安全距离诊断，亦称树障检测。基于无人机 LiDAR 巡检数据进行精细的安全检测与评估，一般需要对点云分类后再进行电力线提取和拟合重建，然后以单个档距内各条电力线为单元，分别计算每一根电力线与周边地物之间的空间距离，从而判断是否存在危险点。最后，按照安全距离标准来确定危险/隐患等级，形成检测报告，为线路维护人员提供数据参考(Ahmad et al.，2013)。Vale 和 Mota 提出了对 LiDAR 巡线数据进行目标提取的基本规则，直接基于三维点云来检测架空输电线路植被隐患点(Vale et al.，2007)。彭向阳、Chen 等分别研究了在不同地形条件下，利用沿电力线垂直剖面根据分段采样点检测线路障碍物，其中电力线采用了分段线性拟合的方式，实现了安全距离风险分析和诊断，实验结果容易受线采样密度的影响(彭向阳等，2014；Chen et al.，2018)。张勇基于摄影测量实现了电力走廊场景重建，并结合植被区域纹理一致性对走廊植被障碍进行了简单的监测和风险评估，并指出摄影测量巡检技术在数据采集、管理和植被监测方面具有的优势(张勇，2017)，不足之处在于电力线提取需要基于二维矢量线检测来完成，检测精度略有不足，而其三维重建则受线检测算子的影响较大，导致障碍物危险性评估精度较低。而且，LiDAR 数据的优势在于可以通过获取更为精确的植被高度数据，进行更为精准的对象空间分析和趋势模拟分析。Qin 基于密度滤波方法，在垂直面和水平面内进行电力线的分解拟合与合并，并在电力线所在网格的垂直、水平和八邻域分别进行安全距离搜索，实现对超过安全距离限制的树木植被的检测(Qin，2014)。Wanik 等将 LiDAR 测得树高与电力线模型相结合，分析了植被接触电力线的可能区域，构建基于 0.5km×0.5km 格网的气象模拟、可能触线植被数据、地表覆盖及地形栅格数据的线路障碍预测模型，应用随机森林和重复平衡采样法评估了线路受到潜在的树障影响造成故障停运的风险大小(Wanik et al.，2017)。

基于 LiDAR 数据的电力走廊植被风险预测评估方面的研究在国内相对较少。张昌赛进行了弧垂分析以及导线在高温、覆冰、风舞动等气象条件下的工况模拟，实现了基于线路模拟数据的风险预警(张昌赛，2018)。张赓对地面物体表面最高点进行缓冲区分析，以每一档内的最高点为代表构建安全缓冲区来分析是否存在安全距离隐患点，模拟评估了电力走廊周边树木生长期间会造成的安全风险(张赓，2015)，但是此类研究尚没有得到较为有效的实际应用。除此之外，因植被对电力线路造成故障的风险较大，植被障碍风险评估还需要考虑多期安全距离分析结果以实现风险动态评估和预测，即考虑因树木生长或倒塌接触电力线的风险分析(阳锋等，2009)。

总之，电力走廊植被障碍物安全距离风险分析与评估是在对电力走廊巡检数据采集、处理和分析的基础上，进行电力走廊植被安全距离检测和危险性评估的过程，为输电系统安全维护和管理提供重要的数据支撑。但是已有研究方法在复杂的大范围林区场景中处理效果和评估稳定性还需进一步的改进和提升。

2.4 本章小结

本章首先详细论述了电力走廊山火风险分析的发展现状与研究进展，面对目前缺少科学分析的电网巡线计划和方案，提出根据电力走廊周边山火风险预警等级来辅助制定电力走廊巡检方案，有针对性地进行巡检。这将提升巡线的时效性，还可以降低成本。其次，总结了无人机电力走廊巡检的发展动态并讨论了无人机载激光雷达巡线数据的处理流程和相关研究。最后，阐述了电力走廊 LiDAR 巡线点云目标提取与植被障碍隐患检测的相关研究进展，总结了植被障碍安全距离风险评估预警的主要研究内容、方法和趋势。

第3章　林区电力走廊山火风险评估模型

鉴于在部署电力走廊巡检与安全维护工作或面对山火等灾害威胁之时，需要对电力走廊周围山火(以及其他自然灾害)状况进行评估，根据风险情况和预警信息区分出紧急风险防范区段和次要风险区段等，进而区分不同的任务等级和线路巡查次序。在山火风险分析指导下进行电力走廊植被安全隐患巡检，按风险级别及其重要性更加优化、灵活地制定电力巡线方案，可更加有针对性地进行线路巡检与安全风险巡查，进而提高巡线效率，实现巡线和风险管理的精细化和智能化。

通过对多种不同类型的电力走廊山火因子的相关分析以及对各类数据的梳理，本章选取影响山火发生的具有较强的相关性的因子来构建电力走廊火险分析评估指数 PC-FRI，包括温度、湿度、降水量、风速、坡度、坡向、海拔、易发山火故障时段、植被覆盖度指数和地面覆盖类型共十种火险因子。该指数模型用来对电力走廊区域的火险情况量化评估。模型构建过程包括基本火险因子指标分析、指标量化、模型建立和模型评价四个主要部分。

3.1　电力走廊火险因子分析

林区山火灾害是由于气象、地形、可燃物与火源等各类因子相互作用产生的一种综合现象，具有一定的时间特征和空间规律(赵宪文等，1995)。山火的发生离不开火源、可燃物以及助燃条件，大风、高温等各种典型天气状况和有助于山火形成的地形为其提供了各种必需要素，这些因素可以通过大量的数据和空间关联找出其中隐含的规律，为山火防控奠定基础。影响山火的各种因子可以分为相对静态因子和短期变化因子，其中，相对静态因子具有短期不变性，如地形地貌因子和地表植被生态因子，短期变化因子随时间会有变化，如气象类因子和人类活动因子。各种灾害气象及典型气象条件不仅容易引发山火，对野外高压输电线路正常运行带来影响，而且往往可以直接作用于输电线路系统，造成重大故障。

3.1.1 因子描述与定性分析

1. 气象类因子

一定的气象条件是林区山火形成与发展的关键因素，气象条件对山火风险有着显著的影响（陆佳政等，2014b）。影响山火发生的主要气象因子有降水量、相对湿度、温度、风、大气压强、日照和连续干旱等，其中相对湿度、降水量、温度和风对山火的影响尤为明显（Loveridge，1935；赵宪文等，1995；王加义等，2009；刘思林，2014；张盛，2015）。另外，在山火短期灾害预报方面，与气象条件密切相关的山火因子为降水量、最高气温、最小相对湿度、最大风速和降雨天数等（郭海峰等，2016）。森林火险气象方面的研究表明，在降水量少，相对湿度低的区域容易发生山火，火险等级也比较高。其次，风速对山火的发生和蔓延起着重要的推动作用，在山火风险分析和评价研究中风力因子必不可少。

短期气象因子，即天气因子，具有极大的时变性，这也是进行山火易发性评估和火险预测的关键性因子。对于气象数据的获取，可以使用卫星气象监测数据和地面气象站数据相结合的方式来进行分析。在气候变化与山火发生之间，由于电力走廊山火风险需要研究的地理范围相对不大，对气候变化方面的影响敏感性较低，该类因子可以作为常量来看待。

1）降水量

降水量多能够使火灾发生风险降低。山林火灾的发生与气象状况密切相关，干旱缺水的天气极易导致火灾年较长火险期的形成（Jolly et al.，2015；Ferreira et al.，2020）。事实上，降水能导致可燃物湿度产生变化，使其失去燃烧性。频繁地降水，林间环境中的空气相对湿度与可燃物含水率会显著提升，从而降低山火发生的可能性。研究发现，日降水量超过 5mm 时，山火产生的可能性降低到近于零（陈孝明等，2015）。相反地，地表长期缺少降水，形成干旱天气，会导致植被干枯，更容易燃烧，且因为空气湿度下降，导致山火发生风险增大。在陆佳政等对可能引发山火的地面热点研究中发现，野外热点数量与降水量呈现负相关，可见降水量增多对山火发生有抑制作用（陆佳政等，2014b）。

2）相对湿度

单位空气中含有水汽的质量即空气湿度，它可以直接影响山火的发生。空气湿度小，可燃物中水分蒸发快，含水量小，发火点也低，就有利于火灾的发生，形成火灾的危险性就大；相反地，空气湿度大，可燃物含水量就高，导致火灾发生的危险性就小。一般来说，湿度大于60%，可燃物难以燃烧；湿度介于50%～60%之间，可燃物能缓缓燃烧但火势不能蔓延；介于40%～50%之间，可以燃烧和缓慢地蔓延；在30%～40%之间，比较容易燃烧和蔓延；若相对湿度不足25%则极易燃烧，火灾风险极大。

空气中实际所含水蒸气和同一气温下饱和水蒸气含量的百分比即相对湿度，其值随温度变化明显，有很多研究结果表明，相对湿度与森林火灾发生数量或着火面积之间存在着较强的负相关关系，全球尺度的山火研究中也发现日最小相对湿度是影响山火的最显著气象因素之一（Williams et al.，2001；王加义等，2009）。

3）地表温度

温度是山火发生的重要因子，气温高低能够影响空气的相对湿度大小。地表高温对山火的影响体现在：首先，高温可以促进蒸腾，降低植被含水率，促进植被干枯，提高植被枝叶可燃物易燃程度，甚至将活可燃物转变为死可燃物，导致山火风险增大；其次，高温促进地表水分蒸发，当高温遇到干旱气象灾害时，空气湿度小而温度高则极易形成山火风险高危状态。温差过大也易导致山火风险增高，统计结果显示，连续日温度差超过7℃，山火灾害次数增多（Jolly et al.，2015）。气温严重影响空气湿度，在同一大气压强下，相等体积、不同温度的空气可容纳的水蒸气相差极大，所以在高温情况下，空气的相对湿度会降低，从而增大山火的发生风险。

4）风力

风对山火发生与蔓延存在多个方面的影响。首先，风加快了植被可燃物中的水分流失，地被物更为干燥，进而使可燃物燃烧性得到了提高；其次，风的吹动会降低地表相对湿度，使火险等级升高；再次，风能加速气流交换，加快火势蔓延，风力越大，对流越强，促成新的回旋风则会扩散越多的火源，爆发更为严重的火灾；最后，大风对山火的助推作用很强，"风助火势"，火焰受风的吹拂会越来越强烈，很多地面火受风势推动便能引发树冠火，使大火向输电线路蔓延的风险增大。并且，风力加速了浓烟颗粒的飘掠，进一步增大了发生线路故障的风险。

2. 季节性因子

季节性因子包含节气、植物的季节周期性变化及人类的季节性或民俗活动等。在季节性气象特征已经形成火灾高发威胁的情况下，人类耕种、烧荒、过节等各种用火频率高的活动将会导致山火发生的可能性大大增加。陆佳政等通过对输电线路山火的二十多年的统计数据研究发现，清明节、春耕、春节、秋收、秋后烧荒等节日或节气期前后，野外用火频次明显增多，而实际上经过卫星热点（地面高温点）统计发现热点数量与野外用火表现为正比关系（陆佳政等，2014b）。这说明在这些特殊节令和季节期间发生山火的可能将明显增加。总体来说，南方各地冬春季节，天气干旱，草木大量干枯，且温度适宜，人口聚集性较强，这一时期是山火高发期；在北方，多雨的夏季不易引发火灾，寒冷的冬季里人类室外活动较少，山火发生的可能性较低，而干旱的春季和秋季，可燃物较多，加上人类活动频繁，是山火防范的重要时期。

研究表明，中国南方山火大多发生在 1—2 月、4—5 月、10 月、12 月。而湖南、福建、广东、广西等地区山火重点防范时间大多为每年的春秋和冬季（9 月至次年 4 月），而山火发生时间也都基本上集中在当年 9 月至次年 4 月之间。有研究通过分析输电线路山火统计数据，发现中国南方地区 2 月至 3 月为电力走廊山火事故高发期（吴田等，2012），而南方绝大部分输电线路山火故障也未发生在夏季至初秋时段（熊小伏等，2018；陆佳政等，2016；张校志，2017）。本书研究范围主要位于广东地区，在对电力走廊火险评估时将对山火季节性因素进行分析研究。

各种主要影响因子中的气象类因子变化快、差异性强，山火的发生和发展总是与其变化息息相关。针对气象因子具有的时变性，通过不断监测，对多时段数据进行归纳，选取广东登平 220kV 与蝶五 500kV 两条高压电力走廊某段中 2018 年累月气象监测数据进行对比，分析输电线路周边微气象环境，如图 3-1 与图 3-2 所示。从这两条电力走廊区域气象统计图中可以看出，5 月到 9 月期间，两条线路周边降水量和最小相对湿度均处于全年中最集中的时段，火险得到明显抑制。3 月到 11 月地表温度均超过 20℃，其中温度最高的时段为 5 月至 9 月，接近 30℃，高温时段较长，蒸发量较大。而风速主要受夏季海洋性季风和台风影响较大，其中登平甲线距离海岸不远，表现为 6 月到 9 月的双高峰，但是由于海拔低，湿度大，没有形成利于山火发生的条件。蝶五乙线距

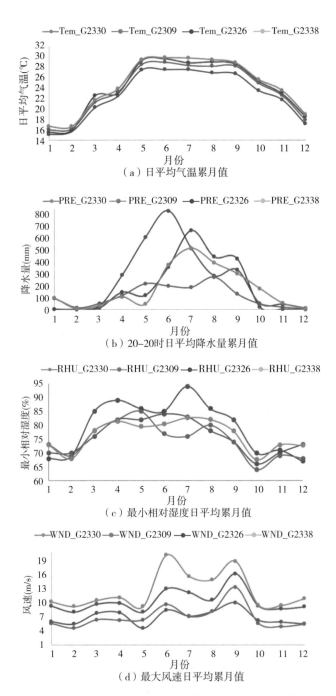

图 3-1　登平甲线 220kV 高压线路沿线气象站监测数据

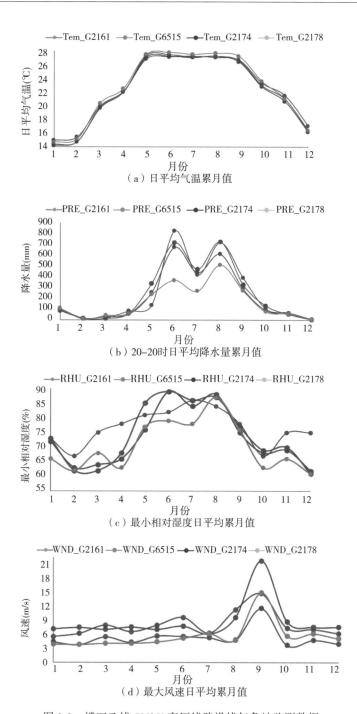

（a）日平均气温累月值

（b）20-20时日平均降水量累月值

（c）最小相对湿度日平均累月值

（d）最大风速日平均累月值

图 3-2 蝶五乙线 500kV 高压线路沿线气象站监测数据

海洋相对较远，在 9 月受台风影响较大，易出现大风天气，但台风同样带来了较多的降雨。两条电力走廊气象特征趋势类似，有利于形成较大火险的气象特征主要发生在 9 月下旬至次年 4 月。进一步的火险评估则需要将火险气象和其他主要火险因子结合在一起作为火险评价指标，进行相关性分析和综合性量化计算。

3. 植被生态类因子

可燃物是山火发生的关键因素之一。容易形成野外山火的地面物质，主要为各种地被物，如森林、秸秆、草原植被等不同类型。考虑给电力走廊带来安全隐患的是地表火和冠层火，因此，可燃物因素分析就要考虑地面植被生态状况，可使用地面覆盖类型和植被指数两个方面的指标来分析。

遥感卫星在对地观测和地表植被调查方面具有多波段、多时相、高精度、高分辨率等优势，进行从大到小尺度的山火风险评估研究，多源遥感数据非常适合作为数据源。较大面积的地表监测数据，可以通过陆地观测卫星较为容易地获取，并且在遥感图像地物目标分类研究方面也已经有非常成熟的方法可以使用。

1）地面覆盖物类型

地面覆盖物类型和覆盖物的多少与山火的发生和蔓延密切相关。地被物具有易燃和不易燃这两种属性。利用清华大学宫鹏团队提供的全球 30m 分辨率地块分类结果[1]，地表覆盖分为 10 类，其中灌木、林地、草地属于容易燃烧类型，耕地、农用地属较易燃类，湿地、苔原为难以燃烧类，不透水层、裸地、水系和冰雪覆盖层为无法燃烧类型。

2）植被覆盖指数

中国山区地面森林覆盖率超过 60%，森林、灌木、草原植被等是造成野外山火必不可少的条件。地面植被指数是地表植被分布与生长情况的一种有效度量，而归一化植被指数（Normalized Differential Vegetation Index，NDVI）是反映植被生长情况的重要指标，可以在一定程度上指示地表植被覆盖的多少，数值越大，植被覆盖度就越高。一般而言，NDVI 在山火高发时期往往处于较高的状态，伴随着 NDVI 和植被含水量由低到高的变化，山火发生率首先形成一个不断增长到达高峰的过程，而后由于水分含量过多、湿度增大、植物可燃性

---

[1]　http：//data.ess.tsinghua.edu.cn.

降低而产生山火风险抑制作用，这表示良好的植被环境更有利于山火形成和发展，尤其在植被水分含量不足以抑制山火的时候，较大的 NDVI 表征了可燃物较多较好状态。植被指数值可以从多光谱影像中提取，基于植被叶绿素对红绿光谱不同的吸收程度来计算，而植被覆盖度(Fractional Vegetation Cover, FVC) 更直观地表示了一定的地面空间内植被占这一研究区域面积的多少，植被覆盖度可以通过 NDVI 计算得出。

4. 地形类因子

从宏观上看，地形是基本环境要素，显著影响着气候与植物群落的形成，它必将对野外火灾的发生、发展产生较大的影响。从电力走廊周边微地形来讲，局部地形与当地的火灾发展和演变有着密切的关系，山火传播速度和方向也受到风和地形的极大影响。从地形条件分析山火，主要可以从海拔、坡度和坡向三个方面来分析。

1）海拔

海拔高度不同的地方，其植被群落不同，且空气流动、气温、气压等条件皆有所不同。在非高原地区，海拔高度 800m 以上的地方大多是较高的山顶，受温度、风力、湿度等因素的影响，山火较难发生和蔓延，而 500m 以上的山地发生山火的可能性相对于低海拔区域也要低一些，因为随着山区海拔高度的上升，温度降低，湿度升高，发生山火的风险也会随之降低(黄宝华等，2014)。

2）坡度

坡度影响地表植被覆盖率和植被含水量，坡度越大，地面保水量越少，可燃物更易于干燥，且一定山地空间中坡度大的地方平均植被覆盖更加密集，则山火发生的可能性越高(赵宪文等，1995)。

3）坡向

坡向因子表达了地表环境接受太阳辐射的水平。阳坡、半阳坡光照充足，温度高、蒸发快，湿度较低，因而可燃物更容易干燥，山火的发生风险相对于阴、半阴坡也更高。总体来说，对任何山地而言，南偏西 22.5° 为正阳面，接受日光最为充分，对火险贡献最大；以此角度为分水岭，两侧接受阳光逐渐减少，由阳坡逐渐向阴坡过渡，地表环境逐渐潮湿，可燃物更难达到易燃烧的状态，至北偏东方向 22.5°，到达正阴面，对火险贡献最小。

5. 其他因子

影响野外高压电力走廊山火的还有其他因子。首先，植被含水率是反映植被易燃性程度的一个重要指标，但是其数值往往需要实地测量或采样分析，不过植被含水率与降水量、湿度和气温等实际气象数据密切相关，一定程度上可以以此反映。宋雨在研究火灾的过程中，使用 Logistic 回归与随机森林方法分析了黑龙江省森林火险因子变量，发现植被覆盖度、高程、人口密度与人均 GDP 等因素是森林火灾的显著驱动因子（宋雨，2018）。其次，在电力走廊山火故障特征研究中发现，季节性变化、干燥天气、湿度低、风速较大、气压低、特殊地形地貌状况等是造成山火故障多发的最主要原因，并且植被含水率、路网密度、水系、居民地、与附近道路的距离等因素也对电力走廊周边山火有一定的影响。最后，人类活动因素，如影响山火发生的各种人类行为和人工设施形成的非自然火源，常常会形成较大山火，但是该因素一般需要结合具体的研究区，通过有限的人类行为数据和节日习俗等信息进行分析。

由国内外学者对山火因子的研究可以看出，在不同地域，山火与相对湿度或最小相对湿度、最高温度或温度日较差、平均或最大风速、降水量或连续无降水日、地表类型、植被指数等因素往往具有显著的线性相关关系，相关对象一般是单因子或几个因子的组合（Ferreira et al.，2020；李德，2013；王加义等，2009；Jolly et al.，2015；熊小伏等，2018；陆佳政等，2014b；宋雨，2018；吴田等，2012；Podur et al.，2002；Wang et al.，2016；Gallardo et al.，2016）。

本书研究对象为林区高压、特高压电力走廊，主要架设在野外或山林高地上，极少穿过人口聚居区，周围极少有人工设施（道路、铁路和房屋等），且经过统计发现，这些林区周边人口密度均不足 1 人/hm²，因此本研究对该类与人类活动相关的因子不另外进行指标计算。就人类活动状况而论，遇到特殊节气或在适合野外出行的季节才会有较多的人出现在野外高压电力走廊周边区域，可以通过季节性因子对火险指标的分析来体现。

3.1.2　火险因子相关性分析

为了确定各类因子与山火发生的相关性，得到更为直观确切的分析结果，本研究使用韶关市 2001—2018 年连续 18 年 3 月历史火点数据和地面气象站监测数据、地形数据、地表植被观测数据建立相关性分析。使用的数据主要包括：

（1）2001—2018 年 MCD14ML（Global Monthly Fire Location Product）的热点检测数据。选择 3 月火点置信度大于 70 的地面热点作为采样数据。

（2）气象数据。选择 2001—2018 年地面气象站监测数据，以每年 3 月作为实验观测值。

（3）地形数据。采用海拔高度、坡度与坡向三类地形数据。

（4）地表植被数据。采用地表类型、植被覆盖度两类数据。

火点数据在韶关市境内呈随机不均匀分布状态，为了分析历史着火状况与致火因子数据的相关关系，需建立统一的统计单元。各类因子数据采用栅格方式进行空间化处理，在空间均匀分布。因此，以在空间相对均匀分布的 28 个气象站为中心，建立缓冲区，作为统计单元，统计火点数据和各类因子数据，建立相关性模型。具体流程如下：

（1）统计数据预处理。统计 18 年间发生于 3 月的火点数量，并对该时期内各项气象因子数据抽检整理后进行平均化处理。地形和地表植被数据则以 5km 栅格单元进行空间运算得到均一化成果。

（2）统计单元的确定。以 28 个气象观测站为中心，以 10km 为缓冲半径，建立统计单元，如图 3-3 所示。缓冲半径的选择兼顾火点数据的囊括程度与气象环境、地表可燃物差异情况，确保统计单元较少重叠，使区域地理的差异性得到良好体现。

（3）单元数据统计。以各气象站缓冲区为单元，统计火点数量，计算气象类因子、地形类因子与植被生态类因子的数据，得到 28 个样本区内所有山火相关信息。其中部分火险气象因子数据见表 3-1，部分短期相对静态因子统计数据见表 3-3。

（4）数据标准化。各类数据之间单位不统一，无法直接进行对比分析，需对正向型指标和负向型指标进行标准化处理。其中部分火险气象因子数据标准化结果见表 3-2，部分短期相对静态因子标准化结果见表 3-4。

（5）相关性分析。以各统计单元内火点数量为因变量，以各项因子标准化数据为自变量，采取 Pearson 相关系数法，得到火点数量与影响因子的相关性与显著性，见表 3-5。从分析结果可以看出，降水量、最小相对湿度与山火呈

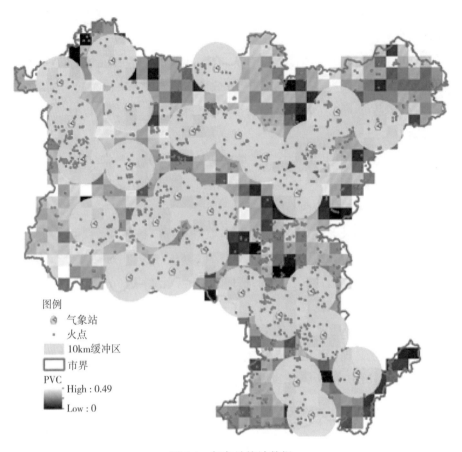

图 3-3　气象站统计数据

较强负相关性，植被指数和地表覆盖类型与山火呈较强正相关性，平均坡向、平均坡度和平均海拔与山火呈较弱相关性。由此可见，山火影响因子的相关性由强到弱分别为气象类因子、植被生态类因子、地形类因子。

表 3-1　　　　　　　　　　　　　部分气象统计数据

序号	温度（℃）	最小相对湿度	降水量（mm）	风速（m/s）	统计区编号	火点数量（个）
1	17.3	76	101.6	4.9	0	11
2	17.8	70	171.8	3.8	1	8

序号	温度 （℃）	最小相 对湿度	降水量 （mm）	风速 （m/s）	统计区 编号	火点数量 （个）
3	17.2	64	82.3	5.8	2	34
4	17.6	76	113.9	5.8	3	28
5	15.0	78	129.7	7.5	4	16
6	16.5	76	89.4	5.9	5	29
7	19.7	70	64.2	5.9	6	47
8	17.8	74	88.2	7.2	7	24
9	18.5	85	107.6	7.5	8	21
10	17.8	88	111.1	3.6	9	11
11	16.2	79	87.6	2.7	10	15
12	17.1	78	87.2	6.4	11	18

表 3-2　　　　　　　　　　**气象统计数据标准化**

序号	温度 指标	最小相对 湿度指标	降水量 指标	风速 指标	统计区 编号	火点数量 （个）
1	0.057348	−0.1437	0.193634	−0.28615	0	11
2	0.503389	−1.00285	2.578392	−0.84396	1	8
3	−0.03186	−1.86199	−0.462	0.170242	2	34
4	0.324973	−0.1437	0.611476	0.170242	3	28
5	−1.99444	0.14268	1.148217	1.032317	4	16
6	−0.65632	−0.2153	−0.22081	0.220952	5	29
7	2.198344	−1.00285	−1.07688	0.220952	6	47
8	0.503389	−0.43008	−0.26158	0.880186	7	24
9	1.127846	1.145017	0.39746	1.032317	8	21
10	0.503389	1.57459	0.516358	−0.94539	9	11
11	−0.92394	0.285871	−0.28196	−1.40178	10	15
12	−0.12107	0.14268	−0.29555	0.474504	11	18

表 3-3　　　　　　　　　　　短期相对静态因子统计数据

序号	平均坡向（℃）	植被覆盖度	平均坡度（°）	地表类型	平均海拔高度（m）	统计区编号	火点数量（个）
1	264.215	0.3853872	11.016315	0.8428571	220.57142	0	11
2	135.409	0.3460003	16.332567	0.9636363	454.72727	1	8
3	154.125	0.2762252	12.463674	0.7875000	259.3125	2	34
4	138.375	0.2714045	10.560494	0.7750000	199.6875	3	28
5	116.357	0.2924194	14.854688	0.9428571	673.92857	4	16
6	99	0.2452950	10.820821	0.8500000	284.66667	5	29
7	151.269	0.2747846	13.385939	0.8461538	338.61538	6	47
8	152.357	0.2783717	9.6030222	0.7571428	169.85714	7	24
9	249.948	0.1972473	4.2818605	0.5818181	87.818181	8	21
10	136.926	0.2540450	6.6101376	0.7000000	223	9	11
11	291.215	0.2814470	12.094845	0.9714285	381.35714	10	15
12	278.118	0.3066505	20.408697	0.9733333	499.06667	11	18

表 3-4　　　　　　　　　　　短期相对静态因子数据标准化

序号	平均坡向指标	植被覆盖度指标	平均坡度指标	地表类型指标	平均海拔高度指标	统计区编号	火点数量（个）
1	0.580361	2.211015	-0.30961	-0.22032	-0.88111	0	11
2	0.24551	1.333857	0.972681	1.015027	0.60433	1	8
3	1.411121	-0.22005	0.039499	-0.78652	-0.63534	2	34
4	0.430224	-0.32741	-0.41955	-0.91437	-1.01359	3	28
5	-0.94103	0.140595	0.616215	0.802495	1.9949	4	16
6	-2.02202	-0.90888	-0.35676	-0.14726	-0.4745	5	29
7	1.233266	-0.25214	0.261951	-0.1866	-0.13226	6	47
8	1.30102	-0.17225	-0.65049	-1.09701	-1.20283	7	24
9	1.468446	-1.97891	-1.93396	-2.89025	-1.72327	8	21
10	0.340142	-0.71401	-1.37238	-1.68147	-0.8657	9	11
11	-1.10118	-0.10376	-0.04946	1.094727	0.138884	10	15
12	-0.28443	0.457525	1.955849	1.114209	0.88561	11	18

表 3-5   各类因子相关性与显著性

相关性	最高气温	最小相对湿度	降水量	风速	植被指数	平均坡向	平均坡度	平均海拔	地表覆盖类型
Pearson 相关性	0.455	-0.667	-0.782	0.315	0.458	0.320	0.36	0.357	0.44
显著性	0.190	0	0	0.272	0.061	0.220	0.251	0.187	0.199
N	28	28	28	28	28	28	28	28	28

各项因子与火点次数的相关性分析表明，选取最高气温、最小相对湿度、降水量、风速、植被指数、平均坡向、平均坡度、平均海拔与地表覆盖类型 9 个指标可以表征气象、植被生态、地形三类火险因子对电力走廊火险的影响。

3.2 多源数据融合与标准化

在山火风险评估时，各影响因子具有不同的表达尺度，这些差异对火险评价结果具有很大的影响。因此，需要建立起因子的统一描述，并进行指标量化，即在火险模型分析之前须针对作为评价指标的火险因子数据做初步处理，处理过程主要包括多源数据融合归档及火险因子数据标准化两个步骤。

3.2.1 多源数据融合归档

数据融合归档，就是将各类数据统一尺度、统一参考系，并建立空间关系，可用于直接进行模型评价的综合数据库的过程。对不同类型、不同来源、尺度各异的电力走廊周边环境监测数据，需要经过空间尺度、地理坐标的校正和统一化，提取具有空间一致性表达、位置描述相对一致的基本指标数据，为模型评估建立统一的数据归档。

如图 3-4 所示，首先将监测数据进行空间关联并统一在同一坐标系统下。其次，由于其中气象监测数据来源于地表观测站点，需要进行空间插值，本研究选择反距离空间插值（IDW）方法。地表温度使用 Landsat 8/TIRS 数据提取，该数据曾被称作温度反演黄金标准（Hantson et al.，2013），其中第十波段为热红外，波长为 10.6 ~ 11.19μm，此处用来反演地表温度。而植被指数则从

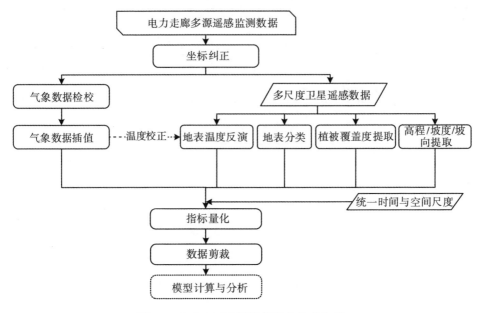

图 3-4 电力走廊多源数据融合处理步骤

Landsat/Oli 多光谱数据中近红外与红色可见光波段中提取。地表分类和地形数据使用了可公开获取的高分辨率数据成果，不做过多描述。详细的数据源、实验流程、参数分析等将在第 6 章实验分析时结合本研究所用数据集和实验过程一并介绍。以下对几个重要指数的计算过程进行介绍。

植被覆盖度 FVC 的计算，首先需要利用多光谱数据提取出 NDVI，NDVI计算方法如式(3.1)所示：

$$NDVI = \frac{NIR - BER}{NIR + BER} \tag{3.1}$$

式中，NIR 和 BER 分别为近红外与红色波段。

FVC 主要是利用像元二分思想通过比较绿色植被与非植被覆盖部分对像元信息的贡献进行计算的。过程如式(3.2)所示：

$$FVC = \frac{NDVI - NDVI_{soil}}{NDVI_{veg} - NDVI_{soil}} \tag{3.2}$$

式中，NDVI 是植被指数；$NDVI_{veg}$是纯植被区域的植被指数；$NDVI_{soil}$是纯土壤区域植被指数；FVC 为植被覆盖度。

Landsat 影像反演地表温度(LST)主要是结合 Landsat 8 热红外波段与 FVC 值来计算。首先进行地表亮温值计算，过程如式(3.3)所示：

$$T_s = (a_6(1 - C_6 - D_6) + (b_6(1 - C_6 - D_6) + C_6 + D_6)T_{sensor} - D_6 T_a)/C_6$$
$$(3.3)$$

式中，T_s 为地表温度，T_{sensor} 是星上传感器的亮度温度(其计算公式可见式 3.6)，T_a 是大气平均作用温度；a_6 和 b_6 为普朗克方程相关系数，C_6 和 D_6 为中间变量，算式如式(3.4)所示：

$$C = \varepsilon\tau, \quad D = (1 - \tau)[1 + (1 - \varepsilon)\tau] \qquad (3.4)$$

式中，ε 为地表比辐射率，τ 为地面到传感器的大气总透射率。地表比辐射率通过式(3.5)计算：

$$\varepsilon = F_{vc} R_{vc} \varepsilon_{vc} + (1 - F_{vc}) R_m \varepsilon_m + d_\varepsilon \qquad (3.5)$$

式中，F_{vc} 为植被覆盖度；R_{vc} 为植被的温度比率；R_m 为建筑表面的温度比率；ε_{vc} 表示植被地表比辐射率；ε_m 表示建筑表面的地表比辐射率；d_ε 为辐射校正项。对照 Aster 常用地物比辐射率光谱库，Landsat 8，B10 波段的取值为 $\varepsilon_{vc} = 0.98672$，$\varepsilon_m = 0.96767$。

单窗算法反演地表温度的关键是地表比辐射率 ε 和亮温值 T_{sensor} 的计算。T_{sensor} 的计算需要利用 Planck 公式将传感器的辐射强度转换为对应的亮温值。计算如下：

$$T_{sensor} = \frac{K_2}{\ln(1 + K_1/L_\lambda)} \qquad (3.6)$$

式中，L_λ 影像预处理后得到的光谱辐射值，单位为 $w/(m^2 \cdot sr \cdot \mu m)$，$K_1$，$K_2$ 为常量，可由元文件获取。

3.2.2 火险因子数据标准化方法

目前的火险指标数据具有不同的表达方式，且各类数据性质不同，具有不同的量纲与数量级，无法统一、准确地计算分析，需将各个指标数据分别处理。数据标准化，即为按照一定比例对原始数据进行缩放，使之重新分布于较小的一个特定区间内。因此，为更准确地描述和评估火险，在模型建立前将最小相对湿度、最高温度、地表覆盖类型、植被覆盖度、20—20 时降水量、最大风速、坡度、坡向、海拔高度等各种山火因子指标数据归类为描述型数据和数值型数据，分别进行标准化处理。

描述型指标数据按照引发火灾的可能性大小定性评价，然后进行量化分析。结合专家评价将定性评价结果分级别量化，以 0、0.1、0.2……1 分别对每项指标进行打分。

对于数值型指标数据，使用基于最大-最小值法的离差标准化以去除不同量纲的影响，将数据映射到 0~1 之间。

1. 数值型指标标准化

为了便于统一计算，数值型指标数据需要分别进行标准化。数值型指标包括正向型、负向型、适中型和区间型。数值型数据的标准化方法一般有标准差法(Z-score)、最大-最小值法(Max-min)和小数定标法(Decimal scaling)等，本研究选取 Max-min 方法进行标准化处理。其过程描述如下：

$$y = \frac{x - \min}{\max - \min} \tag{3.7}$$

该方法通过对原始数据进行线性变换，将初值 x 通过 Max-min 标准化方法映射为区间 $[0, 1]$ 中的 y。

针对不同数值分布类型，依据其对总评价目标的作用程度，选择不同的标准化方式。正向型与负向型指标需要使用标准化函数进行处理，如式(3.8)和式(3.9)所示，前者为正向型指标计算公式，后者为负向型指标计算公式。适中型指标所用标准化函数如式(3.10)所示。

$$y_i = \begin{cases} 1, & x_i \geqslant \max_i \\ \dfrac{x_i - \min_i}{\max_i - \min_i}, & \max_i > x \geqslant \min_i \\ 0, & x_i < \min_i \end{cases} \tag{3.8}$$

$$y_i = \begin{cases} 1, & x_i < \min_i \\ \dfrac{\max_i - x_i}{\max_i - \min_i}, & \max_i > x_i \geqslant \min_i \\ 0, & x_i > \max_i \end{cases} \tag{3.9}$$

$$y_i = \begin{cases} \dfrac{x_i - \min_i}{o_i - \min_i}, & \min_i \leqslant x_i < o_i \\ \dfrac{\max_i - x_i}{\max_i - o_i}, & \max_i > x \geqslant o_i \\ 0, & x > \max_i \end{cases} \tag{3.10}$$

式中，x 为指标 i 的原始值；min_i 为指标 i 可能的极小值；max_i 为指标 i 可能的极大值；o_i 为适中型指标的最优值。

火险指标中，数值型指标包括最高气温、降水量、海拔高度、坡度、坡向、最大风速、植被覆盖度与最小相对湿度共 8 个因子，其中坡度、最大风速、最高温度和植被覆盖度为正向型指标，海拔高度、最小相对湿度、降水量为负向型指标，坡度为适中型指标。对三种不同类型的指标需要分别按照上述公式做标准化处理。

2. 描述性指标量化

描述性指标即定性指标。描述性指标的标准化处理，主要是基于指标的对应属性进行分类，并依据不同属性类别对山火发生的影响大小评级打分。描述性指标包括地表类型和季节性指标，具体量化结果参见表 3-6。

3.2.3 指标量化评价框架

依据火险因子指标数据标准化方法，建立评价指标量化评价框架，实现所有火险指标的整体标准化。将不同类型数据标准化后的值限定在 0~1 之间，以明确表征其贡献度，并以此为数据基础实现后期的数理统计和分析。各指标量化结果见表 3-6。

（1）地表覆盖类型指标量化：依据清华大学宫鹏研究团队的地表分类数据集分类标准，地物类别共有 10 种（Gong et al.，2019）：灌木、林地、耕地、草地、苔原、不透水面、裸土、湿地、水体、冰雪地，该指标的量化主要根据可燃性划分级别，实现量化打分。根据地物类型将可燃物的燃烧性划分为不可燃烧、较难燃烧、可以正常燃烧、比较容易燃烧、容易燃烧、非常容易燃烧。对该指标进行分级量化评价，并在 0~1 之间进行打分。

（2）植被覆盖度指标量化：使用 Landsat 8 多光谱影像数据提取 FVC。依据森林植被防火风险理论，FVC 值越大，引发山火风险的可能性越大，山火风险越高。参照正向型相关性指标标准化方法（式（3.8）），对 FVC 计算结果进行标准化。

（3）20—20 时降水量指标量化：该指标值使用气象站监测数据。降水量对山火的发生具有抑制作用，二者呈负相关性。依据负向型相关性指标标准化（式（3.9）），将降水量数据标准化。

表3-6　　　　　　　　　　　　电力走廊火险指标量化分级表

准则层	指标层	类别划分	指标量化级分值$f_i(x)$	指标类型
植被生态因素	地表类型(LC)	灌木、林地	1	定性指标（描述性因子）
		草地	0.8	
		农村用地、耕地	0.6	
		湿地、苔原	0.3	
		城镇、不透水面	0.1	
		水域、裸土、冰雪地	0	
	植被覆盖度(FVC)		(0, 1)	正向型指标
气象因素	20—20时降水量(PRE)		(0, 1)	负向型指标
	最大风速(WND)		(0, 1)	正向型指标
	最高温度(TEM)		(0, 1)	正向型指标
	最小相对湿度(RHU)		(0, 1)	负向型指标
地形因素	海拔高度(DEM)		(0, 1)	负向型指标
	坡度(SLP)		(0, 1)	正向型指标
	坡向(ASP)	阴坡①	(0, 1)	适中型指标
		半阴坡②		
		半阳坡③		
		阳坡④		
季节性因素	山火故障易发时段(season)	时间为1, 2, 3, 4, 9, 10, 11, 12月	1	定性指标
		5, 6, 7, 8月	0.8	

注：①阴坡 337.5°~67.5°；②半阴坡 292.5°~337.5°，67.5°~112.5°；③半阳坡 247.5°~292.5°，112.5°~157.5°；④阳坡 157.5°~247.5°

(4)最大风速指标量化：该指标值源自气象站监测数据。风速对山火发生具有促进作用，二者具有正相关性。依据式(3.8)对风速数据进行标准化处理。

（5）最高温度指标量化：该指标值源自气象站监测数据。气温越高，山火发生的可能性越大，二者表现为正相关。依据式（3.8）将温度数据标准化。

（6）最小相对湿度指标量化：该指标值来源于气象站监测数据。湿度越大，火险越低，二者具有负相关性。依据式（3.9）将湿度数据标准化。

（7）海拔高度指标量化：该指标值来源于 DEM 数据。在山地垂直结构上，山火的发生随着海拔提升而降低，二者具有负相关性。依据式（3.9）将高度数据标准化。

（8）坡度指标量化：该指标值来源于 DEM 数据。在山区地形中，坡度越大，发生山火的条件越容易形成，二者呈正相关性。根据式（3.8）将坡度数据标准化。

（9）坡向指标量化：该指标值来源于 DEM 数据。坡向可以分为阴坡、半阴坡、阳坡、半阳坡四类，山坡朝向与可燃物易燃状态有较大的关系。阴坡发生山火的可能性较低，阳坡则更容易发生山火。在阴坡到阳坡的逐渐过渡中，山火发生的可能性逐渐增大，表现为适中型指标类型。根据适中型指标标准化方法（式（3.10）），将坡向数据标准化，其中最优值为阳坡方向，即 202.5°。

（10）季节性活动指标：由于季节性因子表征着人类活动的时节性特征，在本研究设计的火险评价模型中，不作为具有系统标准化的独立指标项，而是作为模型惩罚项，用来对以上各项指标的综合评价结果进行约束。

3.3　电力走廊山火风险评估指数模型

在电力走廊山火风险因子分析、提取与计算的基础上，需构建合适的评估模型和评价体系，综合利用各项指标对电力走廊火险进行全面评估。为实现这一目标，本节首先构建了层次化火险评估体系结构，随后进行细化完善，建立了电力走廊山火风险指数（PC-FRI），并对层次分析法进行改进，最终实现了火险指标权重的计算与优化，使 PC-FRI 能够被应用于电力走廊山火风险评估。

3.3.1　电力走廊山火风险评估体系结构

通过对引发电力走廊山火的各种致灾因子的时空对比分析，将其中最重要的几类致灾因子作为基本指标，确定其中各个因子的权重，构建电力走廊山火风险评价指数(PC-FRI),用来量化评估山火风险的大小。本研究中电力走廊火险指标评估体系的建立过程如图3-5所示,包括评价准则确立、模型指标分析与权重计算、火险指数分级与评价三个部分。

　　电力走廊山火风险评估过程主要涉及以下方面:将"季节性运行情况"等四个基本方面作为风险评价准则来表征电力走廊山火风险状况;依照层次化分析理论将"易发山火时段"等各项基本指标组织归纳,分析各项指标对火险评价的重要性并计算得到指标综合权重;按照一定的逻辑关系对各项指标进行综合,确定火险指数模型的各项系数,形成统一的电力走廊火险指数 PC-FRI;对指数计算结果进行分级评价,最终得到电力走廊火险评估等级。

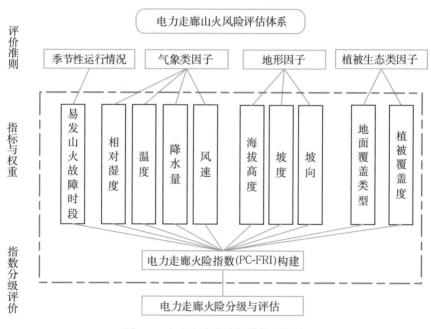

图 3-5　电力走廊火险评估体系设计

　　评价准则是电力走廊山火风险的分类评价依据,综合3.2节划分的因子类别,制定季节性运行情况、气象类因子、地形因子及植被生态类因子四项评价准则。将四项评价准则进行细分,分别顾及所有 10 个贡献较高的关键性因子。指标选择主要取决于各个因子对火险的贡献程度。涉及因子包含相对不变因素和短期动态变化因素,短期不变因素有地形和地表类型等,动态因素有地表覆盖度和气象因子等，其中气象因子具有较强时变性，充分利用气象预报数据可以使评价模型具有较好的短期火险预测能力。将 10 项基本指标以 x_1、x_2、x_3、x_4、x_5、x_6、x_7、x_8、x_9、x_{10} 表示，x_i 分别对应每一个火险因子："易发山火故障时段""相对湿度""温度""降水量""风速""海拔高度""坡度""坡向""地面覆盖类型""植被覆盖度"。

　　评估指数是依据各项评估准则，通过对各基本指标的综合对比，利用合适的数学模型表达的概括性指数，通过指数值的比较和分级可以达到评价和评估的目的。综合火险评估指数中基础指标权重的确定是本章模型建立的重要内容，主要依据大量专家知识的有效组合进行综合计算与整理，从而获得基础指标的最为合理的权重集。将季节性指标（易发山火故障时段，指标 x_1）作为限制性因素，并对其余 9 项指标（x_2，x_3，$\cdots$，x_{10}）加权求和，构建火险指数评估模型。通过基于任意栅格点上的火险指数计算及火险分级得到评估结果，实现火险等级的空间异质区分。电力走廊火险综合评估指数如式（3.11）：

$$\text{PC-FRI} = x_1 \sum_{i=1}^{u} w_i x_i + c \qquad (3.11)$$

式中，w_i 表示各指标层因子的权重，$x_i(i=2,3,\cdots,10)$ 为前文所述的 9 个火险指标，x_1 为火险模型的季节性调整系数，即第一项指标"易发山火故障时段"的量化取值，c 为附加常数项（默认设置为 0.1），用以避免 PC-FRI 的值为零。

3.3.2　改进层次分析法的相关理论基础

　　基于多源数据评估输电走廊山火风险具有极大的复杂性和综合性，除却模型结构设计，各火险因子指标的权重也是影响最终火险评估准确性的重要因素，不同的权重集往往能够决定电力走廊火险的具体分布态势和空间差异。本研究主要结合利用粒子群优化方法的改进层次分析法进行指标权重的分析和计算。

1. 层次分析法基本理论与实现过程

　　层次分析法（the Analytic Hierarchy Process，AHP）由 Saaty 于 1977 年提出，用于对运筹学中的多目标决策优化问题的研究（Saaty，1980）。层次分析法在解决多准则、多目标限制下的系统分析与评价问题时，依据不同的目标（或准则）将待决策与优化问题视作一个完整系统，通过对复杂问题的因子拆解，使目标问题被分解为多个层次的因素或指标。

层次分析法是一套结合定量计算与定性分析的系统工程理论和方法体系，广泛应用于安全风险评价、能源系统分析、经济管理与城市规划等多目标决策问题中。该方法是一种很好的权重确定方法，可以通过对定性描述指标的量化分析，得到系统各层元素的权重，从而优化综合性问题的决策依据与解决方案，系统性和适用性较强，具有结构明了、逻辑清晰、方法便捷、容易实现等特点。将层次分析法应用于电力走廊火险综合评价问题中，不仅能够实现对致火因子指标的客观分析，同时也可以对丰富的专家知识进行定量化归纳，避免纯客观逻辑分析在该复杂评估系统中出现差错，有利于解决一些无法直接用定量分析方法处理的山火影响因素(如地表类型等)的分析问题。

图 3-6 为基于 AHP 计算指标权重的基本流程。在计算权重时，首先需要基于两两关系比较对所有因素进行综合分析，建立判断矩阵。再依据指标层、准则层与目标层各因素之间的从属关系，考虑所有因素之间比较关系的协调性，经过对判断矩阵一致性的多次检验，筛选出符合一致性要求的判断矩阵和层次化权重集合，从而实现综合火险评估的分析与处理。

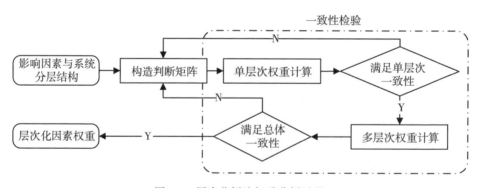

图 3-6　层次分析法权重分析过程

1)层次结构模型建立(层次分解)

AHP 方法首先对总体评价问题进行拆分，设定多个基本准则，然后逐层分解为具有多指标的若干个递阶层次结构，该结构以影响总体目标的多个因素集为基本单元，获得目标的备选方案。层次划分包含目标层、准则层、指标层(子准则层)与方案层四个主要层次。在多目标的复杂优化问题中，影响因素

(即指标层)还可以不断划分，形成层层递进的层次决策树。一般情况下，层次结构含有一个目标，多项准则，以及多个指标或方案。"目标层"是决策/评价问题的总体预期目标。其下一层为"准则层"，由影响决策/评价问题的若干主要因素组成。第三层为准则层因素的分解形式，为"子准则层"，根据待优化问题的复杂性，如有必要还可以继续往下分层，最后的一层子准则也可称作"指标层"，即综合评估问题的基本评价指标。层次结构的最底层为"方案层"，该层为决策/评价问题提供解决方案，解决方案一定是指标层因素的下一层。

　　按照 AHP 分析模式对图 3-5 中多层次指标评价部分构建层次结构图，如图 3-7 所示，其中"电力走廊山火风险"为评价目标层，准则层包括"季节性运行情况""气象类因子""地形因子"等，指标层包括"易发山火故障时段""最小相对湿度""最高温度""降水量""风速"等，方案层为待构建的"电力走廊火险指数"。

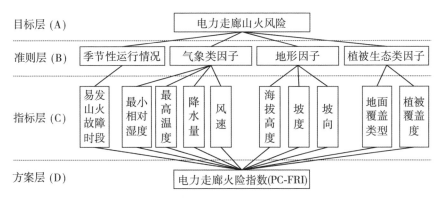

图 3-7　层次分析法构建火险综合层次结构图

2)判断矩阵构造

　　模型的层次化结构划分完成后，需要依据专家经验构造判断矩阵。在确定各层次不同因素的权重时，可以采用一致矩阵法：其一，将本层所有元素针对上一层元素(准则或目标)的相对重要性比较进行量化标度，自上而下地建立判断矩阵；其二，使用相对尺度来减少不同性质的各元素之间的相互比较难度，提高描述的准确性。判断矩阵应受到如下三个方面的约束：

（1）矩阵应按照因子的个数 n 来构建，形式为 $n \times n$ 方阵（假定为 $\boldsymbol{A} = (a_{ij})_{n \times n}$）。

（2）任意一个矩阵元素 a_{ij} 的数值表示指标／准则 i 相对于指标／准则 j 的重要性。相应地，a_{ji} 表示指标／准则 j 相对于指标／准则 i 的重要性。二者具有互反关系，指定 $a_{ij} = 1/a_{ji}$。主对角线上满足 $a_{ij} = a_{ji} = 1$。

（3）采用实验心理学中的 9 级 Bipolar 标度法制定判断矩阵中的元素标度，以 1～9 连续 9 个整数标识各因素的相对重要性。其中"1"表示被标记的两个元素 i 和 j 同等重要，"2"代表 i 相比于 j 强于"同等重要"，"3"表示 i 比 j 略微重要，"4"表示 i 与 j 相比强于"略微重要"，"5"表示 i 比 j 明显重要，"6"表示 i 与 j 相比强于"明显重要"，"7"表示 i 比 j 特别重要，"8"表示 i 与 j 相比介于"特别重要""极其重要"之间，"9"表示 i 与 j 相比极其重要。且 i 与 j 的重要性比较标度与 i 与 j 相比标度互为倒数。

基于此，准则层判断矩阵的形式如表 3-7。

表 3-7　　　　　　　　　　　　　　　　准则层判断矩阵

目标层	准则 1	准则 2	准则 3	准则 4
准则 1	1	a_{12}	a_{13}	a_{14}
准则 2	$1/a_{12}$	1	a_{23}	a_{24}
准则 3	$1/a_{13}$	$1/a_{23}$	1	a_{34}
准则 4	$1/a_{14}$	$1/a_{24}$	$1/a_{34}$	1

指标层判断矩阵的形式见表 3-8。

表 3-8　　　　　　　　　　　　　　　　指标层判断矩阵

准则层	指标 1	指标 2	指标 3	指标 4
指标 1	1	b_{12}	b_{13}	b_{14}
指标 2	$1/b_{12}$	1	b_{23}	b_{24}
指标 3	$1/b_{13}$	$1/b_{23}$	1	b_{34}
指标 4	$1/b_{14}$	$1/b_{24}$	$1/b_{34}$	1

由于判断矩阵为正互反矩阵，各层元素所构成的判断矩阵皆符合如下形式：

$$\boldsymbol{A} = \boldsymbol{A}(a_{ij}) = \begin{pmatrix} a_{11} & a_{12} & \cdots & a_{1n} \\ a_{21} & a_{22} & \cdots & a_{2n} \\ \vdots & \vdots & & \vdots \\ a_{n1} & a_{n2} & \cdots & a_{nn} \end{pmatrix} = \begin{pmatrix} 1 & a_{12} & \cdots & a_{1n} \\ 1/a_{21} & 1 & \cdots & a_{2n} \\ \vdots & \vdots & & \vdots \\ 1/a_{1n} & 1/a_{2n} & \cdots & 1 \end{pmatrix} \quad (3.12)$$

3）权重计算（层次单排序）

计算元素相对于判断矩阵的权重，需要通过以下过程推导：对于式

(3.12) 中矩阵 $\boldsymbol{A} = \begin{pmatrix} a_{11} & a_{12} & \cdots & a_{1n} \\ a_{21} & a_{22} & \cdots & a_{2n} \\ \vdots & \vdots & & \vdots \\ a_{n1} & a_{n2} & \cdots & a_{nn} \end{pmatrix}$，$\{a_{ij}\} = \{1, 2^{\pm 1}, 3^{\pm 1}, \cdots, 9^{\pm 1}\}$，

$i, j \in (1, 2, \cdots, n)$：

其中，任意 i，j，满足 $a_{ij} = w_i / w_j$，则

$$\boldsymbol{A} = \begin{pmatrix} w_1/w_1 & w_1/w_2 & \cdots & w_1/w_n \\ w_2/w_1 & w_2/w_2 & \cdots & w_2/w_n \\ \vdots & \vdots & & \vdots \\ w_n/w_1 & w_n/w_2 & \cdots & w_n/w_n \end{pmatrix},$$

从而有：

$$\boldsymbol{A}\boldsymbol{\omega} = \begin{pmatrix} w_1/w_1 & w_1/w_2 & \cdots & w_1/w_n \\ w_2/w_1 & w_2/w_2 & \cdots & w_2/w_n \\ \vdots & \vdots & & \vdots \\ w_n/w_1 & w_n/w_2 & \cdots & w_n/w_n \end{pmatrix} \begin{pmatrix} w_1 \\ w_2 \\ \vdots \\ w_n \end{pmatrix} = n\boldsymbol{\omega}$$

令 $\boldsymbol{A}$ 为一致矩阵，可以得出，n 为 $\boldsymbol{A}$ 的主特征值，最大特征值 $\lambda_{\max}(\boldsymbol{A}) = n$，并且归一化主特征向量 $\boldsymbol{X}$ 为当前因素对应于上层因素的相对权重，$\boldsymbol{A} = \lambda_{\max} \cdot \boldsymbol{X}$。由于归一化后的主特征向量 $\boldsymbol{\omega} = (w_1, w_2, \cdots, w_n)^{\mathrm{T}}$ 为对应于上层元素的排序特征向量，则有 $\boldsymbol{X} = \boldsymbol{\omega}$，即 $\boldsymbol{X} = \boldsymbol{\omega} = (w_1, w_2, \cdots, w_n)^{\mathrm{T}}$ 为因素之间的相对权重向量。w_i 为各个评价因素之间的相对重要性排序，因此 $\boldsymbol{\omega}$ 可称为排序权重向量。

4）判断矩阵一致性检验

为得到合理的权重向量，需要对判断矩阵进行一致性检验，包括单层一致

性和整体一致性两个方面的检验。一般地，计算权重时需要确保判断矩阵满足一致性(CR)要求。为确定判断矩阵的一致性，Saaty在建立层次分析法时设立了如下约定，作为基本定理：

(1) 设A为$n \times n$阶正互反矩阵，需满足$\text{rank}(A) = 1$，A方为一致矩阵；

(2) 对于A，需满足主特征值$\lambda_{\max} = n$，A方为一致矩阵；

(3) 一致矩阵$A = (a_{ij})_{n \times n}$为正互反矩阵，设$A$的主特征向量为$X$，$AX = \lambda_{\max}X$，其中，$X = (x_1, x_2, \cdots, x_n)^T$，存在函数$\boldsymbol{\omega} = (w_1, w_2, \cdots, w_n)^T$，$\boldsymbol{\omega}: R_{C(n)} \to [0, 1]^n$，使$a_{ij} = w_i / w_j$；因素$i$的相对重要性为$w_i(A) = x_i$，则唯有$w_i(A) > w_j(A)$，能够使$A_i \geqslant A_j$，$i, j \in (1, 2, \cdots, n)$。

设矩阵$A(A$为正互反一致矩阵$)$的归一化主特征向量为$\boldsymbol{\omega}$，$\boldsymbol{\omega} = (w_1, w_2, \cdots, w_n)^T$，$A\boldsymbol{\omega} = \lambda_{\max}\boldsymbol{\omega}$，且$\sum\limits_{i=1}^{n} w_i = 1$，则$\lambda_{\max}(A) \geqslant n$，仅当矩阵$A$为一致矩阵时，有$\lambda_{\max}(A) = n$。

其次，在判断矩阵的一致性时规定一致性包括如下含义：

(1) 元素之间重要性对比的两两排序符合传递性逻辑，即重要性对比结果具有可传递性。以任意三个因素A_l，A_m，A_n为例，若因素A_l，A_m，A_n具有相互传递性，则假定$A_l > A_m$且$A_m > A_n$时，必定满足$A_l > A_n$；

(2) 因素两两标度值之间符合数量一致性约束。对于因素A_l、A_m、A_n，假定A_l相对A_m的重要性标度值为3，A_m相对A_n的重要性标度值为3，则A_l相对A_n的重要性标度值为3×3。此重要性即为数量一致性，亦即乘法一致性，或"强一致性"。

但是，由于层次分析法中的强一致性要求，在实际判断时难以做到完全准确，这就导致了专家判断矩阵在一致性上存在偏离。因此引进CI(Consistency Index)作为判断一致性的基本指标，表示矩阵一致性平均偏离度(参见表达式(3.13))。另一方面，基于CI的一致性检验在指数较多(即n数量较大)的评价中难以满足要求，故Saaty(1986)提出了一致性比率(Consistency Ratio，CR)作为修正一致性指标，从而放宽了检验的标准。CR的计算主要利用了平均随机一致性方法(Random Index，RI)。其中，RI需要经过对大量随机数据的运算获得，即对使用随机方法生成的若干(1×10^m，$m \geqslant 3$)n阶正互反矩阵，求取所有这些n阶矩阵的CI平均值，得到RI(n)。

CR及CI的计算如式(3.13)所示：

$$CR = \frac{CI}{RI}, \quad CI = \frac{\lambda_{max} - n}{n-1} \tag{3.13}$$

式中，n 表示判断矩阵阶数，λ_{max} 是最大特征值，RI 表示平均随机一致性指标。CR 的大小体现了判断矩阵的一致性程度。判断矩阵通过对指标两两对比形成因素重要性的对比结果，一般情况下，可参照依据 Bipolar 标度法，其对应的 RI 值参考表 3-9。

表 3-9　　　　　　　　　　　　平均随机一致性指标（RI）

n	1	2	3	4	5	6	7	8	9	10	11	12	13	14	15
RI	0	0	0.52	0.89	1.12	1.26	1.36	1.41	1.46	1.49	1.52	1.54	1.56	1.58	1.59

若 CR<0.1，或者 $\lambda_{max} = n$，CI = 0，可以认为判断矩阵的一致性比较合理。

5）层次分析法总排序及判断矩阵整体一致性检验

层次分析法总排序是为了得到层次结构中某一层元素对于总目标的组合权重和它们与其父层元素的相互影响，使用本层内所有的层次单排序结果综合计算，从而求得该层元素的组合权重，此过程即被称为层次总排序。因而，层次总排序便是计算某层所有因素比之于评价目标的重要性排序权值的过程，它需要在层次单排序的基础上得出。层次总排序的过程与层次单排序的过程大致相同，设准则层 B 有 m 个元素 $B_j (j = 1, 2, 3, \cdots, m)$，$B_j$ 对目标 A 的排序权重为 $w_j (j = 1, 2, 3, \cdots, m)$，$C_i (i = 1, 2, 3, \cdots, n)$ 是指标层 C 中的 n 个指标（子准则），若其中一个因素 C_i 对 B 层元素的排序权重为 w_{ij}，而 B 中元素对目标 A 层的排序权重为 w_j，则指标层因素 C_i 相对于 A 的组合权重为：

$$w(C_i) = \sum_{j=1}^{m} w_j w_{ij} \tag{3.14}$$

式中，$i = 1, 2, 3, \cdots, n$，$j = 1, 2, 3, \cdots, m$，m 为准则层的因素个数，n 为第 i 个准则所包含子因素的数目，即指标的个数。

完成所有单一层一致性检验之后，还需要对复合层进行整体一致性检验，总体一致性比率 CR 如式（3.15）所示：

$$CR = \frac{\sum_{i=1}^{n} w_i \, CI_i}{\sum_{i=1}^{n} w_i \, RI_i} \tag{3.15}$$

式中，$RI_i(i = 1, 2, 3, \cdots, n)$ 为平均随机一致性指标，$CI_i(i = 1, 2, 3, \cdots, n)$ 为指标层因素对准则层因素的一致性指标。相应地，若总排序一致性 CR<0.1，则表示能够满足总排序一致性，否则应修正 CR 较大的判断矩阵，或者考虑模型修订。

2. 粒子群优化算法基本原理与过程

粒子群优化算法（Particle Swarm Optimization，PSO）最早于 1995 年提出（Kennedy et al.，1995），是一种源自社会心理学的智能优化算法，其基本原型是，假设很多飞鸟正在觅食，在觅食范围内，只在一个地方有食物，飞鸟都看不到食物，但是能闻到食物的气味，并且清楚食物距离自己是远是近，此时不断通过策略来搜索目前距离食物最近的飞鸟的周围区域，逐步逼近获得最优策略。

PSO 算法借鉴了这种搜索模式来进行实际问题的优化。它的工作核心是：基于种群中个体的信息共享，实现粒子种群的联合运动，使得整个群体在问题的解空间中实现无序到有序的演化，从而获得问题的最优解。

在 PSO 中，每个优化问题的解都看作是搜索空间中的一只"鸟"，即"粒子"，那么问题的最优解便是鸟群要寻找的"食物"。所有粒子都包含一个位置向量（表示粒子在解空间中的位置）与一个速度向量（代表下次飞行的速度与方向），且能够根据目标函数来计算在粒子当前位置时的适应值（fitness value），适应值可理解为到达"食物"的距离。经历每次迭代，种群中粒子不仅要依据自身"经验"（即历史位置）来学习，还要参考种群中全局最优粒子的"经验"不断迭代进化，从而决定在下次迭代时对运动速度与方向的调节量。如此逐次迭代，使粒子群中的所有粒子最终趋向于群体最优解。

假设飞鸟之间能实现信息共享（即互相了解每只飞鸟距离食物的远近），最佳策略，也是最简单有效的实现策略，就是综合利用自己离食物最近的位置和鸟群中其他飞鸟距离食物最近的位置这两个因素找到最好的搜索位置，即搜索当前与目的地（食物）最接近的一只鸟所在的周围区域。PSO 算法便是源自于这一类飞鸟群体觅食行为所构建出的优化模型。PSO 算法的数学描述表述为将飞鸟进行抽象，看作一种既没质量也无体积的粒子（一维的点），然后将其延展到 N 维空间，粒子 i 在 N 维空间的位置表示为矢量 $X_i = (X_{i1}, X_{i2}, \cdots, X_{in})$，飞行速度表示为矢量 $v_i = (v_{i1}, v_{i2}, \cdots, v_{in})$。各个粒子都有一个由目标函数得出的适应值，同时记录到目前为止所找到的最佳位置与当前位置，表示为自身经验 $P_i = (P_{i1}, P_{i2}, \cdots, P_{in})$ 和当前位置 X_i。这个可以看作粒子自己的运动经验。此外，粒子也同时记录了到目前为止整个集群搜索的最佳位置(P_g)，P_g是所有P_i中的最优值。粒子的优劣通过适应值函数$f(x)$来衡量。PSO算法采用以下公式更新粒子状态：

$$v_{in}^{k+1} = w^* v_{in}^k + c_1 \times \text{rand}_1(0 \sim 1) \times (p_{in}^k - x_{in}^k) +$$
$$c_2 \times \text{rand}_2(0 \sim 1) \times (p_{gn}^k - x_{in}^k) \tag{3.16}$$

$$x_{in}^{k+1} = x_{in}^k + v_{in}^{k+1} \quad (i = 1, 2, \cdots, m; \ n = 1, 2, \cdots, N) \tag{3.17}$$

式中，m是该群体中粒子的总数；v_i是粒子的速度；P_i为个体最优值；P_g为全局最优值；$\text{rand}(0 \sim 1)$为介于$(0, 1)$之间的随机数；x_i是粒子的当前位置。c_1，c_2是学习因子，取值介于$(1, 2)$中间，c_1为自身加速常量，c_2为全局加速常量，通常取$c_1 = c_2 = 2$。$v_{in} \in [-v_{max}, v_{Max}]$，$v_{max}$是常数，任何一维，粒子受到当前维的最大速度$v_{max}$的限制，一旦某一维内运动速度大于$v_{max}$，就将之重置为$v_{max}$。

粒子群优化算法借鉴了生物群体的聚集行为，是基于一定规则进行全局寻优的重要方法，适用于求解复杂的优化问题。其中定义了如下普遍接受的概念：粒子，一只鸟；种群，一群鸟；位置，一个粒子当前所在的位置；经验，一个粒子自身曾经离食物最近的位置；速度，一个粒子飞行的速度；适应度，一个粒子距离食物的远近。PSO算法中的全局搜索寻优过程利用了个体之间的竞争与合作机制。PSO初始化时选取一群随机粒子(随机解)，这些原始随机粒子按照一定规则在搜索范围内飞行直至寻找到最优解，此过程即为迭代过程。粒子群按照自身经验结合群体最优进行搜索，从而得到全局最优解。粒子群算法与遗传、蚁群等进化算法在原理上具有很多近似之处，也需要初始化种群，计算适应度值，并通过进化、迭代等过程实现最优化求解。但是相比较而言，PSO易于实现，且算法参数相对较少。

3.3.3 基于改进层次分析法的火险指标权重计算

权重分析和定权方法是进行电力走廊火险因子叠加计算的核心工作。本研究主要结合层次分析法进行指标权重的解算。但是，使用层次分析法解决实际问题时，在复杂的评价问题中，繁杂的判断矩阵往往给层次分析法的应用带来极大的局限。例如，在单次评价的整体一致性计算或者多次综合评价一致性计算中，由于局部非一致性残余的不断累积，常常导致总体一致性检验不能通过。对此，需要针对层次分析法做出一定的改进。

此外，在目标评价指标较多时，一致性检验和权重优化计算一般需要较大的计算量。考虑到 PSO 算法在群体寻优过程中的有效性和易实现性，本研究结合 PSO 建立了一种高效合理的智能修正模型，以此优化火险评估模型的分析与优化过程，确保火险指标判断矩阵能够通过 CR 检验并尽量保留初始打分信息，从而科学并有效地发挥专家经验的作用。

1. 结合粒子群优化算法和层次分析法的改进计算模型

为了使权重计算模型更为准确可靠，本章通过对 AHP 方法的详细分析，利用 PSO 与 AHP 组合的方案来解决火险模型的权重解算问题。改进层次分析法主要有四个步骤：首先，在火险评价前，将复杂的山火发生机制和风险防范问题进行系统性分解，将致火因子、风险评判准则和决策目标等各因素划分为相互关联、条理清楚的有序层次（如图 3-8 中的评价准则与基本指标部分）。其次，对各项因素分组排序、两两比较、分层递进，通过专家打分获得因子重要性判断矩阵，建立起山火风险因素综合性判断矩阵。经过多次的不同的专家打分，记录不同行业专家的评价意见。再次，建立权重优化模型，主要考虑对专家判断矩阵的一致性（单层一致性、整体一致性与合成矩阵一致性）指标进行优化并尽量保留专家评价信息。最后，对判断矩阵进行优化，根据一致性检验值不断完善，获得满足一致性的良好群合成矩阵，并依照评估模型和所建立的评价矩阵计算火险指标权重向量，得到电力走廊山火风险评估模型的最优权重。使用 AHP 结合 PSO 算法建立模型的详细过程如下：

1）层次结构模型的构建

文中已经针对电力线路周边火险以及火险因子构建了评价指标体系，其层

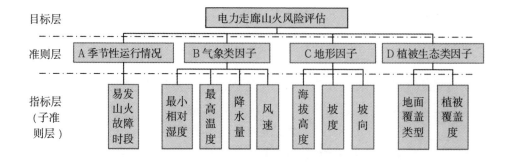

图 3-8 层次分析法指标体系构建

次结构模型见图 3-8(AHP 构建模型的原理和基本内容同 3.4.2 节,此处不再赘述)。

2)判断矩阵的确立

对于已经建立好的电力走廊火险评估层次结构,结合专家打分法,依据各种火险因子与电力走廊山火发生的相关性,经过多次打分之后建立火险指标中各因子重要性打分表,分别构建判断矩阵,共有三组数据,分别见表 3-10、表 3-11、表 3-12、表 3-13,表 3-14、表 3-15、表 3-16、表 3-17 与表 3-18、表 3-19、表 3-20、表 3-21。

在多专家群组决策时,常出现多项指标不一致现象,这种群组综合决策问题可以称为多属性/目标决策问题,或者称为群决策问题。为了解决这种多专家咨询时出现的指标不一致问题,本章选择使用几何均值法构建群合成矩阵,该方法能够保证合成后的矩阵具有互反性,但是不能确保其满足一致性指标,因此需要进一步基于矩阵一致性实现整体优化改进。假定专家意见具有相同的优先级,在分析多位专家结论时,首先按照等权重对各组判断矩阵进行合成计算,建立群合成矩阵(群决策矩阵),然后便可依据群合成矩阵求解群组决策方案。对三位专家 P1、P2、P3 打分表按照 1∶1∶1 的等权几何平均进行合成,得到群合成矩阵如表 3-22、表 3-23、表 3-24 及表 3-25 所示。

专家 P1 评估结果如表 3-10~表 3-13。

表 3-10　　　　　　　　　　**电力走廊山火风险判断矩阵**

电力走廊山火风险	气象类因子	地形因子	植被生态类因子	权重(w)	一致性检验
气象类因子	1	2	2	0.5	$\lambda_{max}=3$
地形因子	1/2	1	1	0.25	CR=0
植被生态类因子	1/2	1	1	0.25	CI=0

表 3-11　　　　　　　　　　**气象类因子判断矩阵**

气象类因子	相对湿度	温度	降水量	风速	权重(w)	一致性检验
最小相对湿度	1	1/2	1	2	0.2382	$\lambda_{max}=4.1836$
最高温度	2	1	1/2	2	0.2833	CR=0.0688

71

续表

气象类因子	相对湿度	温度	降水量	风速	权重(w)	一致性检验
降水量	1	2	1	2	0.3369	CI = 0.0612
风速	1/2	1/2	1/2	1	0.1416	

表 3-12　　　　　　　　　　　　**地形因子判断矩阵**

地形因子	海拔高度	坡度	坡向	权重(w)	一致性检验
海拔高度	1	1/2	2	0.3108	$\lambda_{max} = 3.0536$
坡度	2	1	2	0.4934	CR = 0.0516
坡向	1/2	1/2	1	0.1958	CI = 0.0268

表 3-13　　　　　　　　　　　**植被生态类因子判断矩阵**

植被生态类因子	地表覆盖类型	植被覆盖度	权重(w)	一致性检验
地表覆盖类型	1	1/2	0.3333	$\lambda_{max} = 2$
植被覆盖度	2	1	0.6667	CR = 0；CI = 0

各级判断矩阵均满足 CR<0.1。其中，气象类因子、地形因子和植被生态类因子的一致性检验值分别为 0.0688、0.0516 和 0.0。最后，对电力走廊山火风险总排序结果进行一致性检验得到 CR$_总$ 为 0.0649，可以满足一致性检验要求，层次分析法计算结果可以使用。

专家 P2 评估结果如表 3-14~表 3-17 所示。

表 3-14　　　　　　　　　　**电力走廊山火风险判断矩阵**

电力走廊山火风险	气象类因子	地形因子	植被生态类因子	权重(w)	一致性检验
气象类因子	1	3	2	0.5396	$\lambda_{max} = 3.0092$
地形因子	1/3	1	1/2	0.1634	CR = 0.0088
植被生态类因子	1/2	2	1	0.297	CI = 0.0046

表 3-15　　　　　　　　　　　　气象类因子判断矩阵

气象类因子	最小相对湿度	最高温度	降水量	风速	权重(w)	一致性检验
最小相对湿度	1	4	1	2	0.1891	$\lambda_{max}=4.2356$
最高温度	1/4	1	1/3	1/3	0.0459	$CR=0.0882$
降水量	1/1	3	1	5	0.2213	$CI=0.0785$
风速	1/2	3	1/5	1	0.0832	

表 3-16　　　　　　　　　　　　地形因子判断矩阵

地形因子	海拔高度	坡度	坡向	权重(w)	一致性检验
海拔高度	1	1	3	0.0725	$\lambda_{max}=3.0183$
坡度	1/1	1	2	0.0633	$CR=0.0176$
坡向	1/3	1/2	1	0.0277	$CI=0.0091$

表 3-17　　　　　　　　　　　植被生态类因子判断矩阵

植被生态类因子	地表覆盖类型	植被覆盖度	权重(w)	一致性检验
地表覆盖类型	1	1/3	0.0742	$\lambda_{max}=2$
植被覆盖度	3	1	0.2227	$CR=0$；$CI=0$

各级判断矩阵均满足 CR<0.1。其中，气象类因子、地形因子和植被生态类因子的一致性检验值分别为 0.0882、0.0176 和 0.0。对电力走廊山火风险总排序结果进行一致性检验，得到$CR_{总}$为 0.0775，满足一致性检验要求，层次分析法计算结果可以使用。

专家 P3 评估结果如表 3-18～表 3-21 所示。

表 3-18　　　　　　　　　　电力走廊山火风险判断矩阵

电力走廊山火风险	气象类因子	地形因子	植被生态类因子	权重(w)	一致性检验
气象类因子	1	2	2	0.5	$\lambda_{max}=3$
地形因子	1/2	1	1	0.25	$CR=0$
植被生态类因子	1/2	1/1	1	0.25	$CI=0$

表 3-19　　　　　　　　　　　气象类因子判断矩阵

气象类因子	最小相对湿度	最高温度	降水量	风速	权重(w)	一致性检验
最小相对湿度	1	2	1	3	0.1723	$\lambda_{max}=4.0457$
最高温度	1/2	1	1/3	1	0.0836	$CR=0.0171$
降水量	1/1	3	1	3	0.1907	$CI=0.0152$
风速	1/3	1/2	1/3	1	0.0534	

表 3-20　　　　　　　　　　　地形因子判断矩阵

地形因子	海拔高度	坡度	坡向	权重(w)	一致性检验
海拔高度	1	1	2	0.1031	$\lambda_{max}=3.0536$
坡度	1/1	1	1	0.0819	$CR=0.0516$
坡向	1/2	1/1	1	0.0065	$CI=0.0268$

表 3-21　　　　　　　　　　植被生态类因子判断矩阵

植被生态类因子	地表覆盖类型	植被覆盖度	权重(w)	一致性检验
地表覆盖类型	1	1/2	0.0833	$\lambda_{max}=2$
植被覆盖度	2	1	0.1667	$CR=0$；$CI=0$

各级判断矩阵一致性检验均满足要求 CR<0.1。其中，气象类因子、地形因子和植被生态类因子的一致性检验值分别为 0.0171、0.0516 和 0.0。对电力走廊山火风险总排序结果进行一致性检验，得到 $CR_{总}$ 为 0.0249，可以满足一致性检验要求，层次分析法计算结果可以使用。

专家 P1、P2、P3 进行群组综合评估结果（综合构建的群合成矩阵）如表 3-22～表 3-25 所示。

表 3-22 **电力走廊山火风险判断矩阵**

电力走廊山火风险	气象类因子	地形因子	植被生态类因子	权重(w)	一致性检验
气象类因子	1	$\sqrt[3]{2\times3\times2}$	$\sqrt[3]{2\times2\times2}$	0.5	$\lambda_{max}=3.0010$
地形因子	$1/\sqrt[3]{2\times3\times2}$	1	$\sqrt[3]{1\times\frac{1}{2}\times1}$	0.25	CR $=0.0010$
植被生态类因子	$1/\sqrt[3]{2\times2\times2}$	$1/\sqrt[3]{1\times\frac{1}{2}\times1}$	1	0.25	CI $=0.005$

表 3-23 **气象类因子判断矩阵**

气象类因子	最小相对湿度	最高温度	降水量	风速	权重(w)	一致性检验
最小相对湿度	1	$\sqrt[3]{2\times4\times\frac{1}{2}}$	1	$\sqrt[3]{2\times2\times3}$	0.1723	$\lambda_{max}=4.4040$
最高温度	$1/\sqrt[3]{2\times4\times\frac{1}{2}}$	1	$1/\sqrt[3]{2\times3\times3}$	$\sqrt[3]{2\times2\times\frac{1}{3}}$	0.0836	CR $=0.1513$
降水量	$1/1$	$\sqrt[3]{2\times3\times3}$	1	$\sqrt[3]{2\times5\times3}$	0.1907	CI $=0.1347$
风速	$1/\sqrt[3]{2\times2\times3}$	$1/\sqrt[3]{2\times2\times\frac{1}{3}}$	$1/\sqrt[3]{2\times5\times3}$	1	0.0534	

表 3-24 **地形因子判断矩阵**

地形因子	海拔高度	坡度	坡向	权重(w)	一致性检验
海拔高度	1	$\sqrt[3]{1\times1\times\frac{1}{2}}$	$\sqrt[3]{2\times3\times2}$	0.1031	$\lambda_{max}=3.0398$
坡度	$\sqrt[3]{2}$	1	$\sqrt[3]{2\times2\times1}$	0.0819	CR $=0.0382$
坡向	$1/\sqrt[3]{2\times3\times2}$	$1/\sqrt[3]{2\times2\times1}$	1	0.0065	CI $=0.0199$

表 3-25 **植被生态类因子判断矩阵**

植被生态类因子	地表覆盖类型	植被覆盖度	权重(w)	一致性检验
地表覆盖类型	1	$1/\sqrt[3]{2\times3\times2}$	0.0833	$\lambda_{max}=2$
植被覆盖度	$\sqrt[3]{2\times3\times2}$	1	0.1667	CR $=0$；CI $=0$

表 3-22 至表 3-25 所列各级判断矩阵中，气象类因子判断矩阵(表 3-23)的 CR=0.1513>0.1，显然不满足一致性条件，其余三个判断矩阵一致性检验满足要求 CR<0.1，地形因子和植被生态类因子的一致性检验值分别为 0.0382 和 0.0。最后，对电力走廊山火风险总排序结果进行一致性检验，得到 CR$_总$ 为 0.0863。因而专家群合成矩阵的一致性需要进行修正，经优化调整使之通过一致性检验才可以使用。

3)权重优化模型的建立

AHP 排序权重优化计算可以分为专家互动修正优化方法和计算机智能优化方法，可以逐行修正或者直接进行整体优化。本章针对上述判断矩阵不一致的问题，结合最优化理论，采用广义最小二乘原理构建对判断矩阵一致性的约束，结合粒子群优化实现群合成矩阵不一致性问题的快速修正。

排序权重智能优化方法主要包括对数最小二乘法、几何最小二乘法、混合最小二乘法等(王应明等，1997)，以及将 AHP 与其他最优化方法相结合的方法。对数最小二乘法的原理如下：假设群决策判断矩阵为 $\boldsymbol{R}=(r_{ijk})$($k=1$, 2, $\cdots$, $d_{ij}\leqslant m$; i, $j=1$, 2, $\cdots$, n)，群决策评价个数为 m，评价指标数量为 n，r_{ijk} 为第 k 个评价中指标 i 与 j 重要性打分之比，d_{ij} 为对 i 与 j 重要性打分的决策者数量，对其应用对数最小二乘法，即

$$\min \sum_{i<j} \sum_{k=1}^{d_{ij}} \left(\ln(r_{ijk}) - \ln\left(\frac{w_i}{w_j}\right) \right)^2$$

并应用解算广义伪逆矩阵的方式求解指标的权重向量 $\hat{\boldsymbol{w}}=(\hat{w}_1,\cdots,\hat{w}_n)^T$。此方法主要是用拟和的思想来实现，计算过程相对复杂，可以用来解决信息缺失的不完全判断矩阵的信息补全问题。几何最小二乘(GLS)优化 AHP 排序权重方法主要用来解决群组判断矩阵一致性问题，将排序向量 $\boldsymbol{W}$ 看作 $n\cdot(n+1)/2$ 个几何平面的交点，在所有判断不完全一致的情况下求解与所有平面之间的欧氏距离平方和最短的一点 $\boldsymbol{W}^*$，最终利用互反一致矩阵基本定理求解排序向量 $\boldsymbol{w}^*$(Islei，1988；王应明等，1997)。

首先，在本步骤中，对构造的判断矩阵 $\boldsymbol{A}=\begin{pmatrix} a_{11} & a_{12} & \cdots & a_{1n} \\ a_{21} & a_{22} & \cdots & a_{2n} \\ \vdots & \vdots & & \vdots \\ a_{n1} & a_{n2} & \cdots & a_{nn} \end{pmatrix}$，$\{a_{ij}\}=$

$\{1, \ 2^{\pm 1}, \ 3^{\pm 1}, \ \cdots, \ 9^{\pm 1}\}$, $i, \ j \in (1, \ 2, \ \cdots, \ n)$, 依据一致性判断矩阵的定义, 若 A 为一致矩阵, 则对于任意 $i, \ j$, 元素 $a_{ij} = w_i / w_j$, 且 $a_{ij} = 1 / a_{ji}$。那么

有, $A = \begin{pmatrix} w_1 / w_1 & w_1 / w_2 & \cdots & w_1 / w_n \\ w_2 / w_1 & w_2 / w_2 & \cdots & w_2 / w_n \\ \vdots & \vdots & & \vdots \\ w_n / w_1 & w_n / w_2 & \cdots & w_n / w_n \end{pmatrix}$。

因此, 出现判断矩阵不一致时, 优化方向就是使 a_{ij} 与 w_i / w_j 趋于一致, 即使两者间的余差处于一个尽可能小的阈值内。按照最小二乘原理, 便有表达式 $\min \sum_{i=1}^{n} \sum_{j=1}^{n} (a_{ij} - w_i / w_j)^2$。假定优化求解后符合一致性约束的目标判断矩阵的权重向量为 $X_{ij} = [x_{ij}]_{n \times n}$, 并约定元素 x_{ij} 的大小范围为 $x_{ij} \in [(1 - \theta) a_{ij}, \ (1 + \theta) a_{ij}]$, $0 < \theta < 1$, $i, \ j = 1, \ 2, \ \cdots, \ n$, 则判断矩阵优化的目标为使式(3.18)的取值最小化。

$$\min Y_1 = \min \sum_{i=1}^{n} \sum_{j=1}^{n} (x_{ij} - w_i / w_j)^2 \qquad (3.18)$$

其次, 判断矩阵修正的基本要求应是既要使修正后的判断矩阵能够达到一致性指标, 又要尽可能多地保证原始判断矩阵的初始信息。由此, 构建式(3.19), 形成矩阵改变度约束:

$$\min Y_2 = \min \sum_{i=1}^{n} \sum_{j=1}^{n} (x_{ij} - a_{ij})^2 \qquad (3.19)$$

$$\text{s.t. } x_{ij} \in [(1 - \theta) a_{ij}, \ (1 + \theta) a_{ij}];$$

$$x_{ij} = 1 / x_{ji};$$

$$0 < \theta < 1, \ i, \ j = 1, \ 2, \ \cdots, \ n.$$

最终, 将式(3.18)和式(3.19)相结合便得到一个双目标模型, 为了简化模型解算, 并确保模型有唯一最优解, 对上述两式进行加权组合, 转化为单目标问题进行处理。组合后的模型见式(3.20):

$$\min Y = \sum_{i=1}^{n} \sum_{j=1}^{n} [\varphi_1 (x_{ij} - a_{ij})^2 + \varphi_2 (x_{ij} - w_i / w_j)^2] \qquad (3.20)$$

$$\text{s.t. } w_i > 0; \ \sum_{i=1}^{n} w_i = 1;$$

$$\varphi_1 + \varphi_2 = 1, \ \varphi_1, \ \varphi_2 \geq 0;$$

$$x_{ij} \in [(1 - \theta) a_{ij}, \ (1 + \theta) a_{ij}];$$

$$x_{ij} = 1 / x_{ji};$$

$$0 < \theta < 1, \ i, \ j = 1, \ 2, \ \cdots, \ n.$$

4) PSO-AHP 权重优化模型的求解及一致性检验

以上模型中的一致性指标函数(即适应度函数)包含式(3.19)和式(3.20)两个主要结构组分,前者表现了判断矩阵的调整变化情况,而后者表现了调整后的判断矩阵的一致性程度,两个部分都是使模型的预期值尽量小,从而实现调整结果既能满足一致性要求又保留了更多的初始矩阵信息。如 Y 值小到一个较小的预期值,便可以获得较为满意的修正判断矩阵,其中参数φ_1,φ_2用以表征在调整判断矩阵时,优化模型的前后两个组分的优先性。

由式(3.20)所列出的模型是一种非线性表达,其因子(权重变量)个数比较多,计算较复杂。在该优化模型中,若判断矩阵为 n 阶,依据对称矩阵的结构特性,其中的上三角(或下三角)矩阵起到决定作用,因此,待优化的权重变量个数就有 $n(n+1)/2$ 个。因此,对于该模型的求解效率和效果来说,需要一种较为快捷易用的数学解算方法。基于前文所述,PSO 在进行多目标并行优化和求解时具有很好的稳健性,用来求解待优化权重变量的整体最优解具有良好的适用性。其中,模型求解最重要的步骤在于参数的设置和终止条件的设定,终止条件可以利用迭代次数限定,或利用全局最优位置适应值(Y)的最小值(Y^*)来限定。迭代次数与 Y^* 值一般需要根据实际问题进行试验来确定。其他参数设置暂不作讨论。

检验判断矩阵一致性包括多个层次的判断矩阵一致性检验,即自上而下的单层一致性和整体一致性的逐层多重检验。在准则层,判断矩阵对应的一致性指标函数为:$F(B) = \min(Y_b)$;目标层的一致性指标函数为 $F(A) = \min(Y_a)$,整体一致性比率即 $CR_{总}$。

2. 权重解算

构建了火险指标权重优化计算模型以及判断矩阵之后,还需要明确 PSO-AHP 模型分析过程中需要使用的参数,才能够进行因子权重的优化和解算。传统 PSO 算法中的参数包括以下几种:

(1)粒子数量 M:粒子数量一般设置在 100 以内,一般地,如果种群数量设置过小,很容易导致局部最优解,不能够扩大群体优势,而设置过大则会消耗太多计算资源，且耗时较长。Alla 等讨论并认为 PSO 中粒子群数量设置为 30 较为合理(Alla et al.，2016)。

(2)经验参数(c_1，c_2)：这里分别对应粒子的自身经验和群体经验影响粒子在个体最优和群体最优的方向上的最大运动步长，可以看作粒子群内部的信息交流方式。若参数c_1或者c_2为零，就容易出现粒子快速收敛、陷入局部最优或者使得粒子群内部相互独立，不再共享信息，难以收敛；该值过小时，会使粒子进入目标空间的时间花费过多；反之，取值过大，会使粒子振动幅度较大从而总是超越目标空间。基于已有的研究结论(He et al.，2007)，一般地，PSO 算法中二者取值为：$c_1 = c_2 = 2.0$。

(3)最大速度(V_{max})：PSO 算法中所有粒子的速度都限定在一定的范围内，即粒子速度$V_{in} \in [-V_{max}, V_{max}]$。$V_{max}$这一速度上限值在算法搜索过程中非常重要，可以根据实验需要来设定，但是若取值过大，就难以保证粒子始终在优秀区域内搜索。若取值过小，粒子的运动空间必然受限，粒子群的全局搜索能力下降，同样会使算法陷入局部最优无法跳出，从而无法获取到全局最优解。一般情况下，V_{max}取值取决于粒子群搜索所在的空间维D_i，通常在算法中取当前设定的维度区间$[-x_{max}^i, x_{max}^i]$的边界值x_{max}^i，即$V_{imax} = x_{max}^i$。

(4)惯性权重(w^*)：决定了粒子的搜索维度，即该值影响了粒子保持原有搜索空间的能力，w^*值越大，粒子保持惯性运动的概率越大，全局寻优能力越强。反之，则有利于粒子的局部寻优。该值的变化，影响了粒子群在全局搜索和局部搜索中的综合趋向性，并且取值的合理与否往往影响了算法的搜索效率。

(5)最大迭代次数(I)：最大迭代次数的取值与待解决的问题密切相关。当解决问题不是特别复杂的时候，粒子群一般会在 1000 次迭代以内得到收敛，取值的大小可以在解算过程中根据实际需要指定。

因此，在本方法解算过程中，粒子群个数N选择 32，$c1$和$c2$取值为 2，最大速度V_{max}为 1.2，惯性系数使用动态变化值，即按照线性递减权值策略(Linearly Decreasing Weight，LDW)将初始值设置为 0.9，并使之随迭代次数增大逐渐减小至该初始值的一半。利用本研究已有数据，根据多次试验，在 4 阶方阵(本研究最大判断矩阵为 4 阶)的情况下，算法实际收敛情况均为：在 1600 次以内的解算结果基本趋于一致(表 3-26)。

表 3-26 迭代次数试验结果

迭代次数	100	400	800	1200	1600
平均运行时间(s)	0.255	1.81	3.289	4.662	7.045
平均最优位置	0.493	0.37	0.134	0.1	0.02

故此，最大迭代次数设定为 1600。整个算法的计算流程如图 3-9 所示，详细描述如下：

(1)使用随机数初始化粒子，生成初始解。即生成(0，1)内的随机数，将 PSO 初始化为一群随机粒子(随机解)。定义解空间维度为 10，所有粒子均为 10 维向量，依次将种群数为 32 的所有粒子进行初始化。

(2)将粒子初值代入目标函数即式(3.20)中，求解粒子的初始适应度，通过每个粒子间的适应值比较筛选出当前全局最优粒子 G_{best}，而个体最优 P_{best} 为其本身。

(3)迭代计算。利用式(3.16)和式(3.17)进行粒子迭代更新，每次迭代，粒子需要跟踪两个"极值"(P_{best}，G_{best})来实现更新。即在此过程中，分别将更新后粒子全局最优和局部最优与当前的全局最优和局部最优进行比较，用每次迭代后产生的最优适应值对应的位置 $\boldsymbol{P}_i$ 和速度 $\boldsymbol{V}_i$ 进行替换，取得迭代更新后的群体最优粒子。

(4)判断最优粒子(对应的权重向量)是否满足条件 $\sum_{i=1}^{n} w_i = 1$，若否，则将所有当前粒子进行归一化处理。

(5)迭代终止判断。利用 $Y^* = 0.05$ 与迭代次数 $I = 1600$ 作为终止判断条件，当更新后粒子群中全局最优粒子满足终止条件时，终止计算并输出最优解、对应权重向量和适应度函数值。

算法的收敛过程如图 3-10 所示，使用 PSO-AHP 优化方法在本次计算过程中粒子群经过 449 次迭代后趋向收敛。优化完成后得到气象类因子的修正判断矩阵，并求得气象因子的排序总权重(详见表 3-27)。

由于专家合成群矩阵的 $CR_{总}$($= 0.0863$)较大，利用同样的方法对另外两个判断矩阵(表 3-22 和表 3-24)进行优化，得到修正后的判断矩阵以及指标的总排序权重如下，见表3-28。

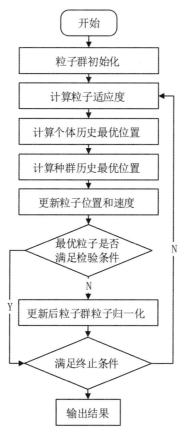

图 3-9　优化算法流程图

表 3-27 　　　　　　**修正后判断矩阵及层次总排序权重(气象类因子)**

气象类因子	相对湿度	温度	降水量	风速	总排序权重	一致性检验
最小相对湿度	1	1.3291	1.1948	2.2894	0.1689	$\lambda_{max} = 4.0225$
最高温度	1/1.3291	1	0.798	1.4013	0.1171	CR = 0.0084
降水量	1/1.1948	1/0.798	1	2.7	0.1586	CI = 0.0075
风速	1/2.2894	1/1.4013	1/2.7	1	0.0713	

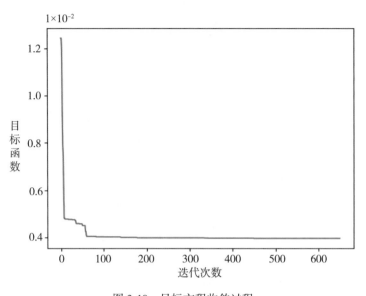

图 3-10　目标方程收敛过程

表 3-28　　　　　　　修正后判断矩阵及层次总排序权重(非气象因素)

	类型：火险总因素			总排序权重	一致性检验
	气象类因子	地形因子	植被生态类因子		
气象类因子	1	2. 2893	2	0. 5159	$\lambda_{max} = 3.0004$
地形因子	1/2. 2893	1	0. 8227	0. 2209	CR = 0. 0004
植被生态类因子	1/2	1/0. 8227	1	0. 2632	CI = 0. 0002
	类型：地形因子因素				
	海拔高度	坡度	坡向		
海拔高度	1	0. 8967	2. 103	0. 0876	$\lambda_{max} = 3.0170$
坡度	1/0. 8967	1	1. 5874	0. 0858	CR = 0. 0163
坡向	1/2. 103	1/1. 5874	1	0. 0475	CI = 0. 0085

　　最终，群决策合成后矩阵的总体一致性比率降低至 0.016，AHP 模型层次总排序一致性通过且所有因子的判断矩阵满足一致性要求，将计算所得层次总

排序优化结果进行组合，便可得到 PC-FRI 的改进指标权重集合。综合计算所得电力走廊火险评估模型各影响因子指标权重分配图，如图 3-11 所示，其中降水量、相对湿度与地表类型三个因子所得权重最高，温度和植被覆盖度次之，累计约 56%，说明地表可燃物存量、干湿度(降水不足)和温度变化三者对山火发生具有显著影响，这符合山火发生的基本规律。其次，该结果也说明了在电力走廊区域微地形中，坡度变化与海拔跨越相比于局地坡向发挥了更为重要的作用，因为电力走廊设施一般布设于山脊的位置(坡向不明显)，电力走廊海拔高度虽然处于一种逐渐变化之中，但是连续跨越相近几基杆塔之后的各局地火险受海拔高度的影响较明显。因此，电力走廊所处微地形的坡度和海拔在很大程度上影响了其微气象，使山火对气象因素具有更强的敏感性。

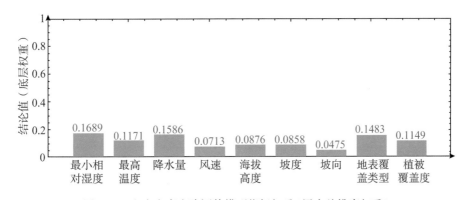

图 3-11　电力走廊火险评估模型指标权重(层次总排序权重)

3.4　PC-FRI 模型评价

从当前所得的电力走廊火险评估指数模型中的各影响因子的权重来看，参与分析的三大准则层中"气象类因子"所占比重较大，地形因子和植被生态类因子相对比较平衡，后者略微占优。为了验证本章提出的 PSO-AHP 方法所得9 项指标的权重结果，利用因子分析法、熵权法和改进层次分析法分别计算了电力走廊火险评估模型因子权重，从而对三者的结果进行对比，如表 3-29 所示。通过三种方法对比可以发现，因子分析法着重对所分析数据集的几个主要影响因子与评估目标的相关性评价，在所有因子指标综合分析时，不能够更细致地反映因子之间的相对关系，容易过度弱化一些对评价目标作用不够显著的因子，如"坡度""坡向"与部分"地形因子"的权重分配较低，这可能会导致模型在不同电压区段或不同场景中的适用性降低。熵权法缺少对各因子内部关系的依赖/相关性分析，虽然计算过程更客观，但是因为利用了因子不确定性定权而无法获知每个因子的定权意义，分配了较高或较低权重的因子无法获知其真实代表哪一项火险因子。经对比可以看出，改进层次分析法着重考虑每一类型中每一个因子的类内相对重要度、父子重要度以及各类型间重要度，强调每个因子权重分配的均衡化，所得权重集略有侧重但基本平均。因此，使用改进层次分析法求解电力走廊火险评估模型的指标权重能够较综合、清晰地对所有因子关系进行层次化分析，依据类间、类内重要度可以实现良好的定量分析。使用该定权结果进行电力走廊火险评估不会对部分强相关因子产生过度依赖，发挥了气象因子的短期多变对火险的影响作用，也会充分结合其他因子的空间差异性，从而使评价方案具有较好的适用性。

表 3-29　　　　　　　电力走廊火险评估模型因子指标权重计算结果比较

基本指标	因子类型	改进 AHP	因子分析法	熵权法
最小相对湿度	气象类因子	0.1689	0.0994	0.2021
最高温度		0.1171	0.1136	0.1894
降水量		0.1586	0.1389	0.1155
风速		0.0713	0.0751	0.1036
海拔高度	地形因子	0.0876	0.1133	0.1002
坡度		0.0858	0.0568	0.0937
坡向		0.0475	0.0462	0.0805
地表覆盖类型	植被生态类因子	0.1483	0.1535	0.0786
植被覆盖度		0.1149	0.2032	0.0364

　　层次分析法结合粒子群优化决策算法，应用于电力走廊火险分析问题，能够实现对致火因子指标的客观分析，同时也可以将丰富的专家知识进行定量化综合，避免了仅依靠客观逻辑分析在该复杂评估系统中可能出现的偏差，利用

粒子群优化对层次分析法进行改进有利于解决一些诸如地表类型、易发山火时段等无法直接用定量方法进行分析的山火影响因素问题。

3.5　本章小结

本章主要研究了电力走廊火险指数评估体系的设计与构建。首先，详细分析了影响电力走廊山火发生的气温、降水等气象类短期时变性因素、地表覆盖类型与植被覆盖状况等季节性变化因素和海拔、坡度等电力走廊微小地形因素，并对影响火险大小的各重要因子进行相关性分析。其次，结合人类活动的节气和季节性特征详细整合了山火影响因子并进行层次化组织，综合考虑电力走廊内植被生态、微地形、微气象、人文与季节多个方面，构建了针对电力走廊火险评估预警的火险指数（PC-FRI），实现电力走廊区域火险的定量评价。其中包括不同火险因子数据的标准化处理、多源数据的融合归档等。再次，对各因子在电力走廊火险评估中的相对重要程度进行对比分析，借鉴专家意见对评价因子打分，并利用粒子群优化方法对层次分析法进行改进，解决了多专家综合评价时群决策矩阵不一致的问题，实现了指标因子权重的优化。最后，对比了熵权法、因子分析法与改进层次分析法解算指标权重的差异性，对模型解算结果做出分析和评价。

第 4 章　基于多源数据与 PC-FRI 模型的林区电力走廊火险评估

电网安全防灾需要对电力走廊山火灾害实行不同尺度的风险评估。有效预测山火发生风险和受影响的电力走廊区段、量化评估风险等级并做出相应的预警是其中重要内容。林区电力走廊山火风险评估预警研究可以从空间范围上细分为大尺度、小尺度和微小尺度三个层面：首先，对电力走廊分布区域环境进行大尺度的火险区划研究，以区分重点防范区域。大尺度层面的研究主要是利用各种卫星监测数据、人类活动范围和历史灾害数据进行区域山火风险评估与火险等级划分。其次，在小尺度上，主要关注单条或多条电力走廊沿线的高等级火险区域(如省、市级骨干输电网路、火灾高发区线路)，针对具体杆塔或一定数量的线路杆塔段实现较为精细的火险评估，并进行分段、分等级的火险预警。小尺度火险的研究需要结合具体的微气象和微地形环境对一定范围内的电力走廊地物进行较为精细的分析，实现面向线路层次的火险评估和预警。最后，在微小尺度上，基于电气理论实现了山火条件下输电线路更精确的闪络跳闸等故障风险的评估和预测。微小尺度层面的研究，需要在山火条件下对输电线、塔等设施在元器件层次上，结合其电气特性和线路荷载等设计参数实现精细的输电线路山火故障风险评估和预测预警。这是一个在空间尺度上由大到小不断递进、在结果上由粗到精的分层次、多阶段处理过程。不同层次的分析结果将服务于电力走廊安全管理中的不同需求。其中前两个部分基本上能够满足电力走廊山火灾害防控与特殊环境安全管理方面的需要，是将多源数据应用于电力走廊安全风险评估预警研究中所要解决的关键问题之一，也是本章要重点解决的问题。

本章提出的融合电力走廊及其周边多源数据的林区电力走廊火险综合评估模型将面向影响火险的多种因素，综合考虑地表植被状况以及地形、人文、季节、气象等火险相关因子。并且，基于此类数据和评价方法构建专门的电力走廊火险评估体系，实现了对电力走廊所在区域的火险情况定量评价和火险等级区划，从而对高火险区域进行准确识别和及时的风险预警，为解决穿越林区的电力走廊山火预警和防范问题提供有效的支持。

4.1 电力走廊火险等级划分与火险区划制图

电力走廊山火风险评估的目的在于为输电线路安全风险与灾害预警提供基础信息，火险评估需要将 PC-FRI 模型计算结果建立统一区划，构造合理的火险等级分级体系，从而获得确切明了的火险级别信息。

4.1.1 基于多源数据的火险评估模型表达式

要确定 PC-FRI 中各项指标的权重，重点在于判断矩阵的构建及其一致性改进与优化。本章利用改进 AHP 方法获得群决策合成后的火险评估因子相对于目标(火险指数)的层次总排序权重，经过优化处理得到了良好的火险权重集。整理后的指数模型表达如下：

$$PC\text{-}FRI = \alpha_0(\delta_1\,RHU + \delta_2\,TEM + \delta_3\,PRE + \delta_4\,WDI + \delta_5\,Height + \delta_6\,Slope + \delta_7\,ASP + \delta_8\,LC + \delta_9\,FVC)$$

$$\delta = (\delta_1,\ \delta_2,\ \cdots,\ \delta_{10}) = (0.1689,\ 0.1171,\ 0.1586,\ 0.0713,\ 0.0876,$$
$$0.0858,\ 0.0475,\ 0.1483,\ 0.1149)$$

$$\alpha_0 = \begin{cases} 1, & \text{防火季} \\ 0.8, & \text{非防火季} \end{cases} \tag{4.1}$$

风险概率分析可以依据事故历史数据、实际经验评估与数理统计来计算(邓红雷等，2017)。利用式(4.1)可以为电力走廊山火发生风险进行详细的评估和预测。其中主要数据源为影响山火形成的多时相气象因子、地形因子以及地表生态因子，对于长时相季节性变化影响确定为增加防火季约束项 α_0，对非防火季月份则为80%的惩罚。

4.1.2 电力走廊山火风险等级划分

根据既定的指标体系对电力走廊火险评估结果进行等级划分，具体包括确定分级数量、选择分级方法以及分级检验等多个步骤。确定分级数需要考虑分级信息易读性和分级结果的详细性，参照国家森林火险等级与森林火险气象等级的分级方法，将分级数确定为 5 级。并且，由于在模型构建过程中已经将各项指标数据调整至 0~1 之间，因此无需再进行数据的拉伸或压缩。最后，根据数据的分布特点，选择使用等差分级法划分火险级别，等差分级的结果具有均匀变化的分布特性。因火险指标数据基本上呈线性分布，不必进行分级结果的回归检验。因而，在进行电力走廊火险等级划分时最重要的步骤便是确定分级数量与分级区间数。

　　火险指标的分布准确反映了电力走廊山火隐患的高低与危害程度，按照等差分级理论，将电力走廊火险划分为五个等级——特高等级火险（特重火险区）、高等级火险（重要火险区）、中等级火险（中度火险区）、轻度火险（普通火险区）和极低火险（极低火险区）。电力走廊火险分级区划标准详见表 4-1。

表 4-1　　　　　　　　　　　　电力走廊火险分级标准

火险等级	火险指标值	火险预警分级
极低火险区	<0.2	黄绿色
普通火险区	0.2~0.4	浅绿
中度火险区	0.4~0.6	黄色
重要火险区	0.6~0.8	棕黄
特重火险区	>0.8	红色

　　极低火险区表示该区域内输电线路周边发生山火的风险很低，有很低的概率会影响线路运行，也无需预警；普通火险区表示区域内输电线路山火的风险并不严重，不会影响线路运行，一般可以不预警；中度火险区表示区域内输电线路山火的风险略微重要，可以预警，但可以不用特别关注；重要火险区表示区域输电线路山火的风险较为严重，需要发出重要预警，对该区域进行重点关注，预防山火发生；特重火险区表示区域内输电线路山火的风险特别高，需要发出紧急预警，并尽快采取行动，防范山火的发生引发线路故障，维护线路稳定。

4.1.3 山火风险区划制图

为了分析 PC-FRI 指标的实际火险评估水平，对实验区域所在上级行政区划内的整个区域范围进行火险分析①，然后对评估结果按照研究区域火险等级划分制作分级火险区划图。火险等级评估得到的是一个个栅格点的火险分布图，利用火险等级评价结果制作火险区划图就是对栅格数据进行火险等级分级渲染。选取恩平市进行分析，得到制图结果如图 4-1 所示，由图可见，该段电力走廊从恩平市斜跨而过，在电力走廊周边整个区划范围内，高等级火险主要集中在西北部山林区域，其他区域如西部、北部和距离电力走廊较远的南部一部分区域有较高火险，中部偏西区域是电力走廊受山火隐患影响较大的区段，位于锦江恩平段南北岸的白石山、公山、高板岭一线的火险较高，且路网较为密集，距离输电线路很近，对该段电力走廊火险有较大的贡献；沿着该市中部-东部一直向北区域火险较低，在图 4-1 中区域内的锦江中下游向东区域，海拔高度不断降低，植被较少，空气湿度大，因此对输电线路火险的影响很小，该段电力走廊火险较低。

4.2 电力走廊高等级火险区域识别及重点防火区段预警

基于已有的电力走廊山火风险评估与分级区划方法，电力走廊重点区域火险预警分析包括不同时态的火险区划下高等级火险区域识别，以及重点线路区段的防火标识和预警两个方面的内容。

4.2.1 高等级火险区域识别

经过对蝶五乙线恩平市段电力走廊进行火险初步计算，根据火险等级划分对电力走廊周边火险分级聚合，以及线路周围 3km 范围内电力走廊区域裁切处理等几个步骤，最终获得电力走廊火险区划如图 4-2 所示。

该段550kV 高压走廊总长约53km，从火险区划结果可以看出其中有一个火险高发区和两个中等级火险区，均位于这条高压线路的中段位置。经与走廊内线路精确比对发现，受火险风险影响最大的杆塔为：#117 至#125 段杆塔，

---

① 本文所定义的 3km 范围电力走廊火险分析将在第 6 章实验与分析中进行。

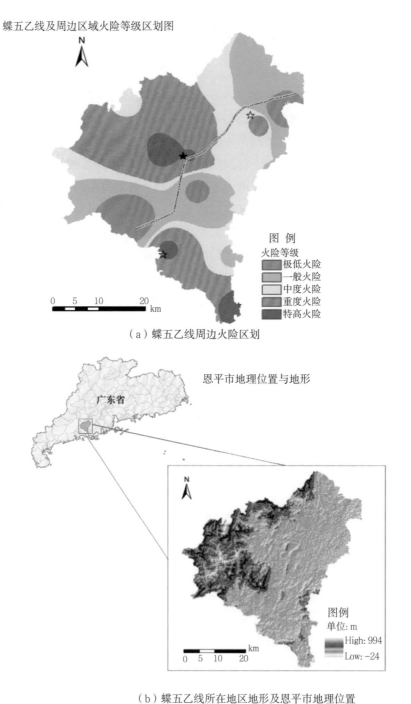

（a）蝶五乙线周边火险区划

（b）蝶五乙线所在地区地形及恩平市地理位置

图 4-1　500kV 蝶五乙线周边区域火险等级区划图及区域地理位置

蝶五乙线火险等级区划图

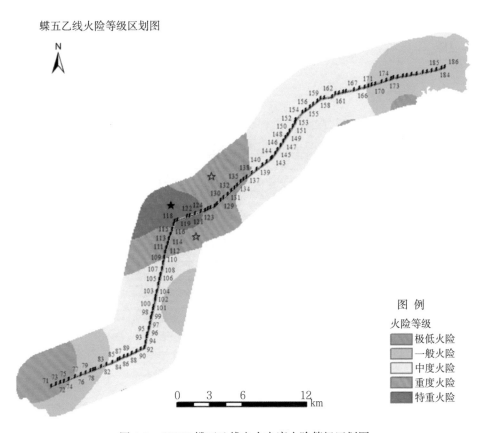

图 4-2　500kV 蝶五乙线电力走廊火险等级区划图

#110至#117 段以及#127 至#138 段杆塔周边火险等级较高。

为验证模型评估结果的准确性和可靠性，统计了本条线路周边发生于 2018 年春季的历史火点①，将火点数据与电力走廊火险区划叠加，得到如图 4-3 所示结果。经过对比发现，电力走廊内发生的 9 次山火有 78% 落在中等及以上等级火险区，其中发生在特高和高等级火险区的有 5 次，占总数的 56%。通过将火险评估结果与各项因子的空间分布进行对比发现，在这个实验数据中各个火险因子都起到了重要作用，其中地表覆盖类型、植被覆盖度和相对湿度信息尤为关键。

火险区划主要用来区分不同等级的火险区，并结合区划结果对高等级火险

---

① 数据来自美国 NASA 发布的 Landsat8 全球火点。

区段中受影响较大的杆塔或线路段预警，所得结果为该段线路的维护人员提供重要的火险预警信息，从而为山火风险精确防控提供有效的数据支持和重要信息保障。

火险区与历史火点对比图

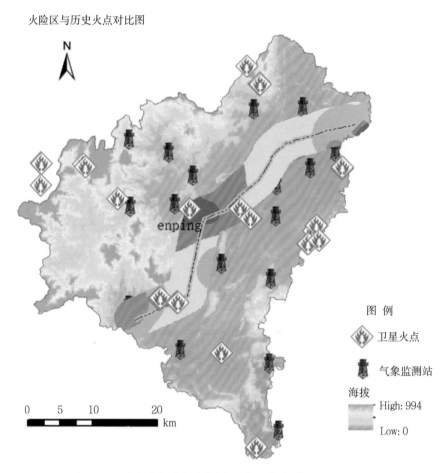

图 4-3　电力走廊火险与走廊周边 2018 年春季历史火点对比

4.2.2　高等级火险预警

电网运维方为将灾害风险降到最低，一般采取主动性预先防御措施，按照风险重要度优先性原则，在山火风险评估、故障判别预估和事故应急处置等方面，优先处理电力走廊中更大的隐患或威胁，不断优化防火资源的分布和调用，在资源无法良好充分兼顾所有需求侧矛盾时，以最低消耗、最大限度降低风险为原则，提高山火防治的效率和针对性（周志宇，2019）。而且电力走廊山火发展迅猛，往往防御应对紧迫，相应时间不足。基于此，电力走廊山火防控和风险预警则应着重在发现特高火险时做到快速优先预警，对电力走廊区域内中等重要火险区做到阶段性预警，以便为电网防山火工作争取更多的时间和信息，从而做出更积极的灾害防范和应对措施。

火险综合预测评估和电力走廊山火灾害预警具有重要意义：

使用 PC-FRI 评估电力走廊火险具有较好的可靠性和良好的适用性。根据本研究所使用数据精度，在对目标区域进行火险评估之后制作的火险区划图具有极高的空间分辨率（高于百米），相对于目前所使用的森林火险区划图（分辨率低于800m）取得了极大的提升，对电力走廊区域火险评估来说具有较好的实用性。而且由于 PC-FRI 模型使用了具有较高空间分辨率的遥感监测数据和电力走廊周边气象站点近距离监测数据，使得火险评估结果具有明显的空间差异性。其次，在时间尺度上具有较为灵活的时间分辨率，可以实现对每周的火险因子数据的更新，经模型评估可以获得未来一周的短期火险预测评估结果。

利用 PC-FRI 模型分析能够得到具体杆塔附近当前的山火风险状态，可以为潜在的风险隐患提出专项具体的、有针对性的防范支持。为依靠线路工人人力和经验判断火险而存在的难操作、不准确、欠巡视或过巡视等问题提供新的解决方案，这对以往山火预警系统的信息来源是一个有效补充，可以提高火险预警效率，确保电网更安全、更稳定地运行。

4.3 高压电力走廊山火风险评估预警分析

高压电力走廊所分布区域林区较多，且其中很多线路区段穿过森林茂盛区域，受天气、地形或季节性变化等因素的影响，山火隐患无时无刻不存在于高压电力走廊及其周边环境中，建立 PC-FRI 的目的之一便是对电力走廊中威胁线路稳定安全的山火隐患进行预警。为此，需要将该 PC-FRI 模型在电力山火风险评估中进行实际测试和应用。

建立指数模型和火险评估体系包括火险因子分析、模型建立与评价、火险分级等多项内容。在实现电力走廊火险定量评价的基础上，研究并建立风险等级的分级度量，进一步实现不同火险等级的合理划定。从而可以根据量度分级直观、明确地把握电力走廊区域特高等级、高等级、中等级与一般等级火险区域，为电力走廊山火预警和防火特殊时期重点区段维护奠定科学基础。

指标分级结果可以进行多元素、可视化的电力走廊山火风险等级制图及展示，从地理信息服务的角度为山火隐患防治和严重火险防范提供科学预警和辅助决策信息。

4.4　本章小结

本章应用构建的电力走廊火险指数 PC-FRI 模型设计了电力走廊火险评估体系，以解决大范围电力走廊遇到的山火风险评估预警问题。首先，分析制定了电力走廊火险区划分级标准，并进行火险区划等级分析和制图，对高等级火险区段发出预警。其次，通过实验验证了使用 PC-FRI 对电力走廊区域的火险情况进行定量评价的有效性。基于电力走廊环境多种因素综合分析并设计的指数模型 PC-FRI 适合在中小尺度上进行电力走廊火险评估，其结果具有较高的准确度和精细度，可以在较短的时间维度上充分利用各种具有前期预报能力的火险因子，从而实现山火风险的提前预测和预警。利用该模型的火险评估可以为电力走廊防火提供重要支持和依据。此外，基于 PC-FRI 的火险评估结果能够较好地识别电力走廊中等级和高等级火险区段，此结果可以为电力走廊植被障碍风险评估提供基本方向性信息，为进一步面向电力走廊火险故障的植被障碍隐患巡检提供支持，为做好电力走廊潜在植被障碍防范和处理做好铺垫。

第5章 基于无人机 LiDAR 数据的林区电力 走廊植被障碍风险评估

以电力走廊山火风险防控为例，面对人力物力资源的有限性状况，为了使电网火险防范效果达到最佳，在评估输电线路周边环境因素的隐患大小和危害强弱的基础上，应以电力走廊周边火险高低程度为指引，优先对电力走廊风险较高的区域进行巡查和检视，清除安全隐患较大的植被障碍，依据风险等级逐步实现所有风险区域的巡检和维护，从而避免因不科学的大范围巡检(树障普查)造成资源浪费，有效地服务于智能电网建设和国民经济发展。并且，输电线路因山火跳闸多发生在山腰或接近山顶植被茂密的位置，因此在电力走廊植被障碍检测评估与山火风险防控中，应兼顾电力走廊火险趋势、线路故障风险水平以及运维资源调度，将高风险区段电力走廊巡检放在优先位置，加强线路重大风险区段周边植被的风险巡查与管理控制。

本章面向电力走廊高等级火险区域开展基于无人机 LiDAR 的植被障碍安全距离检测与风险评估的研究，为解决林区高压电力走廊植被障碍清理工作提供精确的数据基础。主要研究内容为基于无人机载激光雷达采集的高压电力走廊巡检数据处理方法和输电线路植被安全距离诊断方法，具体包括：

(1)提出一种基于无人机激光雷达数据的高压输电目标层次化快速分割提取方法；

(2)对获取的高压电力线、电塔等目标进行三维模型重建，并构建三维地理空间对象关系；

(3)提出一种高效的植被障碍安全距离风险计算方法，以电力线为对象，分别在水平、垂直、净空距离等多个空间角度上分析电力线到周围物体的空间距离，评估电力走廊内树木类障碍造成的线路安全(隐患)风险等级，实现重大风险点预警。

5.1　基于无人机 LiDAR 数据的电力走廊目标提取与重建

作为一种精确的近距离遥感观测技术，使用无人机 LiDAR 可以在确定了电力走廊火险之后，对高风险区域进行精细的巡检和探测，获取电力走廊区域的高精度三维观测数据。但是，由于地物环境复杂、机载激光扫描数据密度较低，目标分类难，对电力走廊资产管理和安全风险检测带来一定的阻碍。其次，电力走廊巡检数据处理的效率问题也是实际应用中最为关注的方面。

本研究所用无人机 LiDAR 巡线数据主要是针对野外山区、林区，以 200m 以下航高、近距离快速采集架空线路沿线宽 150m 左右条带长廊内的输电目标与地面、植被等地物的三维激光反射信息，将之严格解算后得到电力走廊场景的高精度三维点云。后文无人机巡线数据将采用完成解算后的激光点云。

5.1.1　方法概述

如图 5-1 所示，巡线数据的计算和分析主要包括点云数据预处理、数据目标分割与提取、三维模型重建以及植被安全距离分析与风险评估预警四部分内容。大体过程如下：

首先，进行点云粗差点去除，构造一个空间哈希矩阵来逐层分割经过去噪处理的点云，并计算每个稀疏网格内部点的局部分布特征。

然后，基于不同的分布特征、分层渐进地提取所有电力巡检目标，结合高压对象的精确位置实现三维对象化目标模型重建。

最后，进行由粗到精的植被风险区域快速识别与障碍点风险评估预警，为电力线路树障清除工作提供精确的辅助信息。

5.1.2　无人机 LiDAR 数据预处理

1. 点云去噪及存储优化

首先，由于硬件设备或环境中存在的干扰信息使得数据中存在一些离群点和噪声点，采用基于统计学滤波和基于点临近距离分析滤波①对原始数据滤波去噪（彭向阳等，2017），处理前后结果如图 5-2 所示，其中远离地面电力走廊

————————————
①　http：//www. pointclouds. org/.

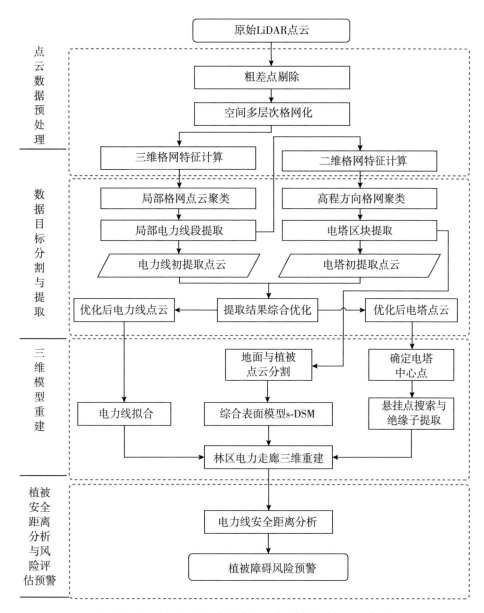

图 5-1 无人机 LiDAR 点云中三维高压输电目标提取方法

场景的噪声点被成功分离。

其次，由于所要处理的数据量很大，为了提高点云的存储与管理效率，基于多层次格网化分割的思想对点云体素化模型进行改进（覃驭楚等，2008），

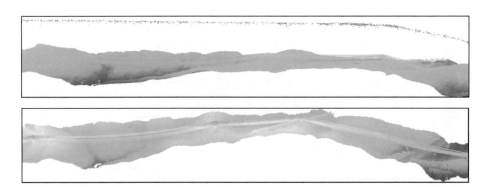

图 5-2　去噪处理前后的数据对比(高程渲染)

使用体素化空间哈希结构(Nießner et al.，2013)存储和管理离散分布的三维点云。将去噪后的数据分块格网化后存储在稀疏矩阵中,格网点云通过扩展哈希表来映射,其中初始点云的层次化分割的过程为:①对点云进行二维栅格化分割;②基于二维格网进行三维体素化分割;③建立栅格化索引,利用哈希表存储指向格网点云的索引信息以及不同层次的格网特征信息。

具体处理过程描述如下:

1)二维格网划分

初步在水平平面尺度上划分二维格网,格网尺寸使用 5m×5m,同时设置格网属性,以便后期计算和更新。平面尺寸的选择主要考虑空间对象的完整性和可分割性,使其能有效提取对象格网特征,同时兼顾计算效率(格网大小对提取试验的影响将在第 6 章详细分析)。二维分割后的点云位置为式(5.1)所示:

$$
\begin{cases}
\mathrm{col} = \dfrac{y - y_{\min}^{G}}{d} + 0.5 \\[2mm]
\mathrm{line} = \dfrac{x - x_{\min}^{G}}{d} + 0.5
\end{cases}
\tag{5.1}
$$

其中,(x, y) 是点的平面坐标,$y_{\min}^{G}$ 为点云中最小 Y 坐标,$x_{\min}^{G}$ 为点云中最小 X 坐标,d 为网格尺寸,col 为列号,line 为行号。分割之后部分数据显示如图 5-3 所示。

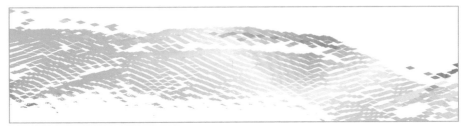

（a）场景点云表面格网化

（b）一个档距内格网点云侧视放大图

图 5-3　巡线数据表面格网化效果

2）三维格网划分（点云体素建立）

为了便于数据的组织以及点云局部维度特征分析，基于体素分割思想，将二维平面格网进一步细化为三维栅格，从而便于反映点云三维局部特征。体素内点云格网的划分以二维格网为基础，格网大小由点云三维空间分布范围来确定。具体计算方式为：

$$\begin{cases} r = (y - y_{\min}^{L})/d3 \\ c = (x - x_{\min}^{L})/d3 \\ h = (z - z_{\min}^{L})/d3 \end{cases} \qquad (5.2)$$

式中，(x, y, z) 为空间点三维坐标，$x_{\min}^{L}$ 三维格网内的最小 X 坐标，$y_{\min}^{L}$ 为三维格网内最小 Y 坐标最小值，$z_{\min}^{L}$ 为三维格网内最小 Z 坐标，$d3$ 表示三维格网大小，r、c、h 分别为三维点相对于最新格网的行号、列号与高度。为了使电力线的局部空间分布能够被有效保留，本方法经验上使用二次细分尺寸为 0.5m。

图 5-4(a) 和图 5-4(b) 为一处被三维分割的电力线区块格网点云和电塔格网点云。

（a）档距内部分电力线格网三维网体素划分　　（b）电塔区块三格网体素划分

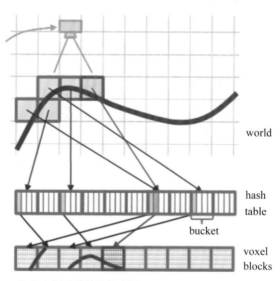

（c）空间哈希结构示意图(Nießner et al., 2013)

图 5-4　二维格网中三维格网体素分割效果

3) 空间哈希分层存储结构

为优化存储和管理，去噪之后的数据按照空间哈希结构进行组织。利用空间哈希结构存储可以将无序点云分块化，通过二维到三维的连续层次分割，在不同尺度上获得更多的点云维度信息。其中三维层次上的体元结构划分不会把体元内的点重新采样或聚类，其目的也在于能够从局部空间层面利用更多的对象细节信息，同时也便于海量点云的加载和显示。

空间哈希结构与常见规则的或分层的格网数据结构略有不同，数据的管理不是基于 Octree 或八叉树索引无尽细分，只需要保留格网化分割之后的格网信息进行存储，由于电力走廊地物数据中包含大量的非结构化植被点云，利用此结构，可以关注包含数据的网格节点的计算，方便表面点云的显示更新，从而节省内存空间以保证运算的简洁性和高效性。空间哈希结构如图 5-4(c)所示。

2. 特征计算

面向主要电力目标(电力线和电塔)，本书基于对象形态特点和空间分布特点，分别从二维和三维的角度分析并提取维度特征与空间分布特征。

二维特征主要针对二维格网化数据进行特征计算。包括水平密度特征与格网底面点云高程(DEM)、格网表面高程(DSM)、归一化高差(NDSM)与高程统计直方图/高程分布连续性等高度特征，部分结果用灰度图表示如图 5-5(b)~图 5-5(f)所示。

首先，计算密度特征(见图 5-5(b))，以二维格网为单元，利用落入格网平面内的点数统计量来计算格网点密度，密度特征在电塔包络区检测时具有明显的效果。其次，分别计算格网中最大高度和最小高度，即通过格网点的 Z 值分析，提取 DEM 和 DSM 特征(分别表示测区地形起伏状况和表层地物的高低变化)，然后利用二者的归一化高度差值，即 NDSM 特征来表征局部区域内点云的高差变化(见图 5-5(a))。该特征一般在电力线、单株或聚集的植被、电力杆塔等与周边物体产生较大高差变化的目标边缘比较明显，可在检测电塔中发挥较大作用。

格网 DEM 与 DSM 特征分别为取格网内每个位置的最小与最大高程值，标记为 H_{dem} 和 H_{dsm}，高差特征记为 R。其表达式为

$$R = H_{dsm} - H_{dem} \tag{5.3}$$

最后，计算格网点云的高度分布特征。架空电力线在所有档距内具有明显的悬空性，即高程方向分布不连续性，尤其在 220kV 及以上电压等级电力走廊中，输电线相对于地面具有较大的高程间隔(Chen et al., 2018)，而电塔一般位于山腰或山顶位置，其所在格网点云具有极大的高程，且不同于电力线的

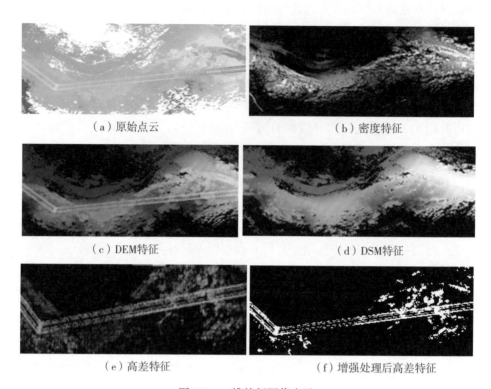

（a）原始点云　　　　　　　　　　　　　　（b）密度特征

（c）DEM特征　　　　　　　　　　　　　　（d）DSM特征

（e）高差特征　　　　　　　　（f）增强处理后高差特征

图 5-5　二维特征图像表示

大高差间隔特性的最重要的特点是电塔点云具有高程方向的连续分布特性
（Kim et al.，2013）。因此，利用高程统计直方图特征可在电力线提取中产生
较好的作用。

　　为了统计点云的高程方向连续分布特性(悬空性)，随机选取一部分采集
的输电线路点云（见图 5-6(a)），对格网内部点的高程信息进行统计，通过
高程分布直方图(见图 5-6(b))特征分析，可以区分电力线点云最低处与地
面存在明显的高程间隔。显然，电力线与地面对象之间在高程方向存在一个
明显的跃空间隔（见图 5-6(c)和图 5-6(d)），表征了电力线的悬空分布特
点，图中最初出现电力线的高程位置即电力线点云的高程下界，具有不低于
8m 的高程(即导线最小高程)，这一小区间便可认为是输电线与其他地物的
最初间隔。

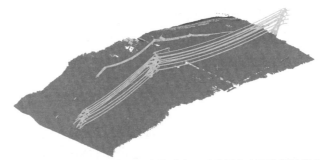

（a）一份包含两个档距的高压电力线路点云（以固定高程分割渲染）

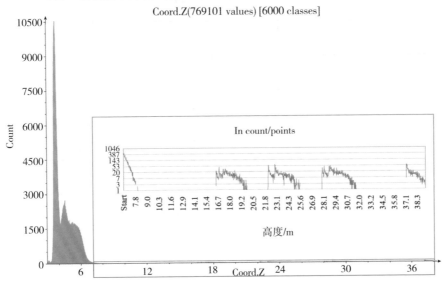

（b）高程统计直方图，其中纵坐标为点数量

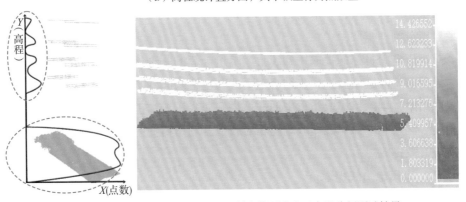

（c）档内点云高程统计分割示意图　　（d）单个档距内点云高程分割测试结果

图 5-6　高压电力走廊数据中电力线的悬空性分布

对于电塔点云，高程方向点连续性以及连续分布点云的区间长短是区分电塔的重要指标。电塔都具备高程分布的连续性，电力线因为悬空性构成了较大的间隔；但是，紧密生长的高大植株也具有相似的连续性，这也是从林区场景点云提取电塔的困难之处。

2）三维特征

三维点集的邻域信息是提取三维目标的重要点云特征之一（Weinmann et al. ，2015；Yang et al. ，2015）。局部邻域点集的空间维度特征使线状对象（电力线）明显区别于其他物体，底层三维格网的维度特征对电力线初步提取具有较好的作用。对 1 邻域点云所构建的协方差阵求解特征值 λ_1、λ_2、λ_1（$\lambda_1 > \lambda_2 > \lambda_3$），线状特征 α_0 表示为：

$$\alpha_0 = \frac{\sqrt{\lambda_1} - \sqrt{\lambda_2}}{\sqrt{\lambda_1}} \tag{5.4}$$

5.1.3　高压电力走廊无人机 LiDAR 巡检目标提取

检测并分析高压电力走廊中对输电线路距离不足造成隐患的植被对象，需要将输电线路巡检数据中的电力输送系统目标与其他非电力目标进行分割提取。电力线与电塔作为野外电力走廊高压输电系统中显著的大型目标，也是输电线路安全距离巡检数据处理中首先要关注的基本对象。由于野外高压电力走廊地形起伏大，环境多变，使用一般的滤波方法难以一次性将地面点云精确地提取出来，这里不将地面点云滤波作为首要目标，本章设计的电力走廊点云目标层次化提取方法，以电力目标作为优先提取对象，而后再分别对其他地物对象进行分割、提取。

高压电力目标的提取用到了上一节所计算的基于格网化数据的多种二维和三维分布特性，而后进一步结合电力线与电塔之间的空间拓扑连接关系，优化提取结果，剔除粗提取结果中的非电塔和非高压线，提升输电目标提取效果和精度。其余非电力对象提取难度相对较低，利用格网中剩余点的高度特征可以实现有效提取。

1. 高压电力线提取

电力线作为输电系统中电能的传输载体，具有一定的体积，在点云中呈现为三维曲线状空间点，其中尤其以高压电力线具有较大的直径和表面积，能够反射更多的激光波束，从而可以明显地识别电力线的层次结构。高压架空电力线一般处于电力走廊场景中距离最低点相对高度 10m 以上的低空到塔顶区间内(30~60m 高),架空高压电力线的悬空性表现为在高程方向上分布的不连续性,高压电力线的设计高度一般超过 20m,高差特征非常突出。这里将结合输电线路点云的空间层次和电力线悬空性,计算格网点云邻域聚类的线性特征和同一段线路中不同高度局部电力线段的近似共线性,进行综合判断,从而分割出电力线点云。主要计算过程分为两部分:局部电力线提取,即利用邻近格网的内点云高度相似度估计和线性特征提取电力线;完整电力线提取与聚类,即利用邻近导线之间走向的一致性判断是否为高压电力线。

1)局部电力线提取

(1)根据点云中电力线悬空分布特征,利用高程不连续性分析电力线起始高程,选取一定高程范围内的三维格网,确保电力线点没有分布在低于此高度的格网内,以减少数据计算量。利用高程分布信息可以明显提高电力线粗提取的效率,因此在开始提取电力线时,初始聚类点选取高于格网最低点 6m 以上的高程区间内的三维格网。

(2)利用邻近格网的高度相似度估计和线性特征提取电力线段。由于在预处理时,构造空间哈希矩阵来逐层分割点云,并分析了每个稀疏格网内点集的局部分布特征,因此电力线段提取以三维格网为基本处理单元进行邻域聚类搜索,以提高电力线段局部聚类的效率,促进格网电力线片段快速提取,避免大批量点云索引式搜索方式产生的过多计算量。

(3)提取邻域聚类结果中具有显著线性特征(即 a_0 值较大的)的点集。计算并保留二维格网内每一个三维格网点云聚类计算结果,逐步提取出所有线性片段点云。

图 5-7(a)~图 5-7(d)分别显示了典型环境中电力线局部片段提取的过程。其中图 5-7(a)为电力线格网点云,图 5-7(b)为格网聚类点云,图 5-7(c)为高程分割之后提取的点云,图 5-7(d)为利用线性特征提取得到的点云,将作为候选电力线段。

2)电力线整体提取与聚类

对格网内局部线性片段的提取,仅仅是完成了初步的分割提取。进一步实现电力线完整提取需要以局部共线性为约束对候选线段进行聚类,提取空间相邻的电力线,而后再通过线路走向一致性分析实现每一根电力线的全局提取。

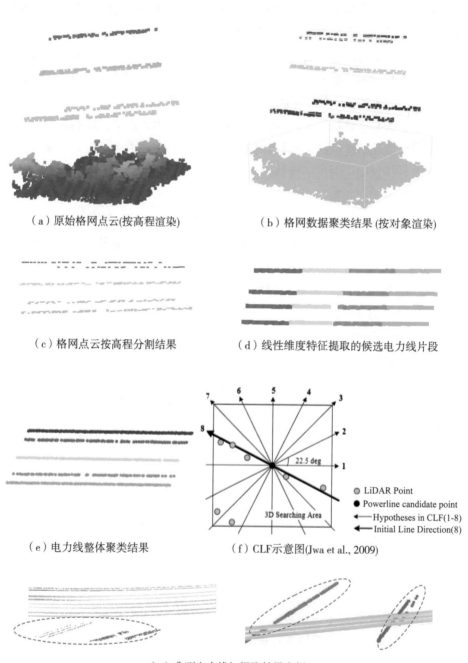

（a）原始格网点云(按高程渲染)　　　　　（b）格网数据聚类结果 (按对象渲染)

（c）格网点云按高程分割结果　　　　　（d）线性维度特征提取的候选电力线片段

（e）电力线整体聚类结果　　　　　（f）CLF示意图(Jwa et al., 2009)

（g）典型电力线初提取结果实例

图 5-7　电力线提取过程示意图

（1）同一根电力线在格网局部点云中有较为明显的共线性特征，因此以相邻格网内提取的线段的近似共线性为目标，可以对格网线段点云进行聚类。在聚类中，选取一条初始种子线段作为待提取电力线的候选线段，以对应格网为中心，搜索八个方向邻域内格网，寻找候选电力线片段。

（2）对搜索到的候选线段分别判断其与种子线段的方向夹角，电力线的主方向使用 CLF（Compass Line Filter）（Jwa et al.，2009）检验，如图 5-7(f) 所示，保留主方向基本一致的线段。

（3）为了提取单根电力线对象，对主方向与种子电力线段主方向一致的候选目标进行近似共线性筛选，从而去除平行的其他相线，获得单根完整电力线。待候选种子电力线段循环搜索完毕，提取出了所有电力线并完成全局电力线走向一致性检验，点云中每一根电力线都被保留下来。图 5-7(e) 为二维大格网内线性片段点云聚类之后的结果。对另外的电力线提取结果分析发现，如图 5-7(g) 所示在实验结果中有一些低压电力线存在，而电力走廊巡线目标一般只针对某一条线路进行跟踪巡检，当前结果中红色虚线框内的低压电力线并非目标线路电力线。因此本步骤中的电力线提取还需要进一步进行电力线的拓扑连接性分析。

2. 高压电塔提取

电力走廊巡线点云中，高压电塔是具有极大高程的大型目标，在高程方向的统计直方图中具有连续分布的特性，而且它在密度特征图上的表现也非常明显。巡线点云在电力线提取之后，格网特征得到更新，使得其他目标的特征得以凸显，电塔的提取也相对容易实现。高压电塔对象提取主要是在二维格网层次上，然后考虑二维格网高程上具有的局部极大值特征、水平方向具有的相对较大的局部点密度等特征，设定了针对高压电塔的几种基本数据原则，通过对二维栅格在水平和垂直方向上的分布特征进行分析，识别候选输电塔区块。

首先定义以下几个电塔基本特征：

（1）高程方向具有局部大高差。在电塔设计建设中，为保持线路与植被之间的安全距离，防止输电线路接触植被等外物引发故障，通常野外高压电塔具有极大高程，其顶端至少距离格网最低点超过 15~20m。在特殊情况下，电塔位于小丘的山顶位置，塔身结构高度较小，但是按照高压电塔设计规定，塔基与塔头（塔体结构参见图 5-8）的总高度不能低于 10m。此数值将作为衡量电塔局部高差特性的重要参数。

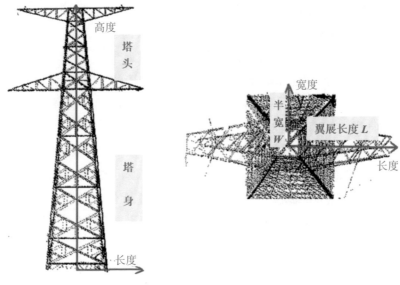

图 5-8　电塔结构示意图

(2)高程方向上，电塔点云的分布具有连续性。电塔建设一般使用具有一定平面面积的三角架网结构，因此，巡线点云中电塔具有较多的回波信号，且电塔点云能够在高程方向上呈连续性分布。

(3)局部高程极大值。去除电力线点云之后，在剩余数据中，可以认为，电塔所在格网必然会具有极大的局部高程。如图 5-9(a) ~ 图 5-9(d)中电塔点云分布结构所示，据此可以较为容易地获得高压电塔点云候选区块。

(4)水平方向投影密度较大，且大密度的分布范围有限，向中心聚拢。为保持线路安全和平衡，电塔的两侧设计有一定宽度的翼展，其宽度视不同电压等级而定。一般地，高压电塔的翼展不小于 10m，因此，电塔点云在水平密度聚集性方面相应地具有一个基本聚集分布半径，结合电塔的翼展扩展结构，设定其基本范围如式(5.5)所示：

$$R_{(m,n)} \leqslant (r+5) \qquad (5.5)$$

式中，$R_{(m,n)}$ 代表候选电塔在水平面上投影范围的最大直径，r 指该类型电塔的规定翼展宽度。

电塔区块点云提取包括如下步骤：

(1)首先利用高差特征图从二维格网化数据中搜索满足大高差约束的格网,格网大高差特征 NDSM 判定初始阈值确定为 15m。点云格网高差分析大大缩小了电网所在区块的数据范围,如图 5-9(e)中红色虚线框所示,具有大高差特性的格网主要包括电塔点云、单株较高树木、密集成簇的树木或其他植被点云。大高差特征格网约束基本筛除了 2/3 以上的无电塔点区块,使电力走廊点云中大量的低矮植被和非植被区域被去除,大大减少了后续步骤的计算数据量。

(2)在二维格网(5m×5m)内使用 2m×2m 的移动数据窗来检测格网的高程方向连续性,分析高程方向分布连续的大高差格网。在移动窗口逐渐滑动的过程中,所在格网的高差特征图(NDSM)信息不断更新,对于格网内出现任意一个含有小于移动窗口预设高差值的子格网,即认定该格网高程不再连续,更新该格网的高程特征图(DSM)和高差特征图(NDSM)为间断处的最小高程,并将该二维格网标记为含有大高差的悬空格网,从高压电塔候选集中去除。由于这里主要使用了电力线相对于电塔的高程非连续性区间长度,因此移动检测窗口的 NDSM 值设置为 8m(电力线距离所在格网最低点高差的下限值)。本步骤能够排除很多高度不足的单株植被对象。

(3)从高度相似性出发,在高程方向上对电塔区块格网聚类。本步骤是对剩余的大高差格网聚类的过程,聚类条件是相邻格网的最高点高程差小于给定的聚类阈值,主要实现了将预处理阶段划分到多个格网的电塔点云聚合为单独电塔对象。

(4)最后分析小范围电塔格网聚类结果,针对每一个聚类对象进行格网 DSM 特征图分析,去除其中不具有局部极高值特征的格网。并进一步对得到的备选电塔区块筛选结果,进行密度特征图分析,分析备选电塔高程方向聚类结果的水平投影主方向,对比其主方向上的分布长度,将不满足式(5.5)的非电塔对象去除,从而筛除具有较大面积、类电塔分布的高大单棵植株点云或呈聚集分布的乔木点云。

电塔的初步提取结果如图 5-9(f)所示,可以看到电塔点云得到了完整保留,而其他区域被滤除。但同时也可以发现其结果中存在具有非目标对象的伪电塔对象(红色虚线框内点云)。电塔粗提取的结果包含目标高压电塔、非本条输电线路的杆塔和信号塔,以及个别单株树木,其中后几种对象都需要进一步的分析和验证,才能进行筛除。本方法在电塔提取过程中快速、准确地提取了候选高压电塔所在区块点云，对于这些干扰项需要根据已经提取的高压线与候选电塔点云之间的位置关系及邻近性约束进行优化。

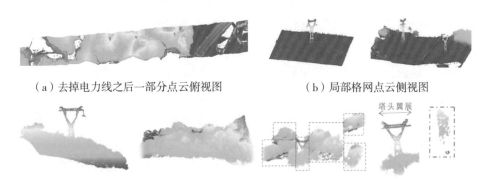

（a）去掉电力线之后一部分点云俯视图　　　　　　（b）局部格网点云侧视图

（c）电塔区块斜视图　（d）待处理点云实例　（e）大高差格网过滤效果（f）电塔粗提取结果

图 5-9　高压电塔粗提取过程

3. 基于对象空间位置关系及拓扑连接性的高压电力目标精细提取

输电线路点云环境复杂且目标多样，基于对象语义或特定性规则约束进行电力目标提取具有高效、稳定、准确且易实现的优点。首先，在经过粗提取处理之后基本得到了较高准确度的电力目标。其次，对于当前结果中的非理想对象如交叉跨线及与之相应的非目标线路杆塔，或者误提取的个别位于电力走廊区域的信号塔，需要借助电塔和电力线的对象空间位置关系进行综合筛选和优化。

初始数据中的线性对象除了有目标高压线，还包含其他交叉跨越线，两者具有近乎相同的分布；而信号塔、相对低压塔和某些植被点的空间分布也具有与目标高压塔类似的空间分布特征。因此，仅从电塔或电力线的独立特征考虑不能够充分满足电力目标精确提取的要求。

通过对电力走廊数据和候选高压电力目标的分析发现，电力线与电塔的空间结构关系包含充足的对象上下文信息，有效利用这些信息可以对初步提取结果进行筛选和修正，进一步优化提取结果。电力线路对象空间关系描述可参考图 5-10，可以发现，目标电塔与邻接电力线之间有着紧密的连接关系，且电力线水平投影线的主方向与相应两个左右连接塔的中心连线近似平行（Melzer et al.，2004；Jwa et al.，2009）。因此，考虑目标电力线与电塔的空间衔接和对象连通特性，使用如下规则对提取结果综合优化：①电塔和电力线相互衔接，相邻两档电力线直接通过高压电塔连接；②电力线水平投影主方向与邻接左右两塔中心连线近似平行；③电塔的邻域格网至少存在一个包含电力线的格网。

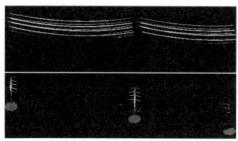

图 5-10　高压电塔与电力线直接空间关系示意图

首先，对提取的候选电塔，搜索所有外邻接二维格网，将不存在含有临近电力线格网的候选塔排除，存在邻接电力线格网的则保留；其次，对保留下来的电塔，选取邻接格网内电力线能够与之相接的将其确定为最终目标电塔；最后，对与目标电塔相接的电力线，若其水平投影主方向与相接两塔中心连线之间无过大夹角，则确定为最终目标电力线。经过处理，电力目标提取结果中的干扰项（见图 5-11（a））得到清除。图 5-11（b）、图 5-11（c）和图 5-11（d）分别显示了一份经优化处理后的单个档距内的电力线和电塔点云，该结果相对比较完整且完善。

4. 地面与植被点提取

在山区电力走廊中，容易出现输电线路与山坡地面点安全距离不足的问题，因此在对高压输电目标进行精细提取之后，还应该分割地面点云与植被点云，提取出植被点，从而构建出地面植被目标三维精细表面模型。由于山区电力走廊内建筑物等较大型人工设施较少，而且穿越林区的输电线周边植被覆盖度极高，只需要从剩余点云中分割出地面点，从剩余非地面点云中提取植被点则可以利用相对地面高程等特征比较容易地实现。

针对提取电力目标之后的巡线点云，参照黄荣刚（2017）所提出的地面点滤波方法（如图 5-12 所示）分割地面点云，主要步骤如下：

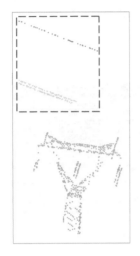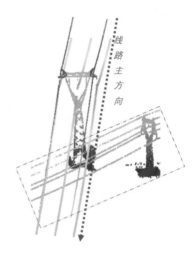

（a）包含低压线与伪电塔干扰性目标的粗提取结果

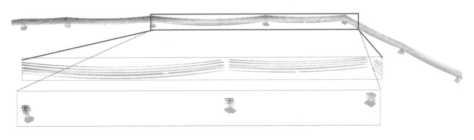

（b）优化后的高压电力线与电塔提取结果

（c）单档距内电力线

（d）包含电塔的单档距内高压输电目标点云

图 5-11 电力目标提取结果综合优化

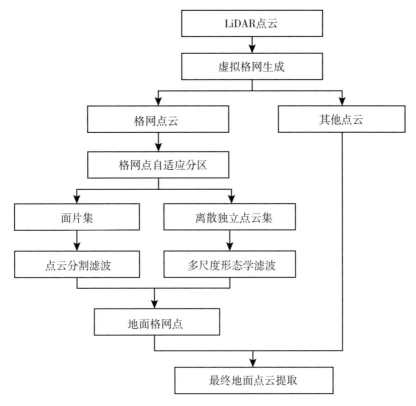

图 5-12 自适应分区点云滤波方法(黄荣刚，2017)

（1）将当前的二维格网数据重新进行虚拟规则格网化，对于包含点云的格网，将其中的高程最低点作为格网点，对无点云分布的格网利用最邻近高程插值法内插为虚拟格网点。格网的尺寸受点云密度和预处理步骤中格网尺寸的影响，即对二维格网进一步进行 2×2 分割，细分为 2.5m×2.5m 大小。

（2）将点云分割为平缓区域和陡峭变化区域，采用基于面片和点基元结合的多基元分割思想对平缓和陡峭区域进行区别描述。并通过迭代计算和细分完成格网点云的自适应分割与表达，使分割点云被标记为多个面片和独立离散点云的集合。

（3）通过面向分割面片集的点云分割滤波处理，将高于局域地面高程(临时 DEM)一定高度阈值 h 的面片标记为非地面面片，获取地面面片，得到地面格网点。h 的取值根据研究区域地形变化和点密度的影响，使用 0.6m。

113

(4)通过面向离散点云集的多尺度形态学滤波处理，滤除非地面点，从而获取该类型区域的地面格网点。

(5)最后，利用已获取的地面格网更新临时 DEM，并针对未被采用为格网点的未分类点集，计算每一个点到临时 DEM 的法向量投影长度 H，判断 H 与高度阈值的大小，将未分类点集分为地面点和非地面点(高度阈值为 0.5m)，从而提取完整的地面点云以及非地面点云。

提取地面点之后，可以获得格网点更为精确的 DEM，对于格网内所有地物点云来说，其相对高程可以利用格网最高点与 DEM 计算得到。结合这些信息，从剩余的非地面点云中提取植被点的过程主要就是更新之后的地面数字高程模型、地物点高程等高度特征，平面法向量与平面粗糙度等平面特征，以及局部点云三维空间分布特征实现从剩余巡线点云的非地面点中提取植被点的过程。

因此，针对植被点云提取，首先计算上述几种能够显著描述植被点云的一些特征：

(1)高程归一化的数字地表高程模型 nDSM。该值由数字表面高程模型(DSM)与数字地面模型(DEM)相减得到，归一化数字地表高程模型能够消除地形起伏的影响，获取地表物体相对于地面的高度。相对地面高度特征在非地面点分类中具有重要意义，例如，建筑物和电塔等人工构筑物通常较高，且高度分布比较有规律，植被的高度特征则比较复杂，不规整。

(2)高程统计特征，即高度标准差。以当前点为中心的球形邻域的点，统计该邻域范围的高程特征，高度标准差即为领域内高程值的标准差，其计算形式为式(5.6)，其中 z 表示点云的 Z 坐标值。

(3)平面性特征，即平面粗糙度。对当前点的邻域点进行平面拟合，粗糙度即为当前点到拟合平面的距离。由于植被的点云分布杂乱无规律，粗糙度较大，而具有规则面度与线度的人造地物的粗糙度则较小。

(4)邻域空间维度特征。对 5.2.2 节所述特征值 λ_1、λ_2、λ_3，使用表征体状特征的维度特征 a_3，其表示为式(5.7)：

$$H_{\text{STD}} = \sqrt{\frac{\sum_1^n (z_i - \bar{z})^2}{n}} \tag{5.6}$$

$$a_3 = \frac{\sqrt{\lambda_3}}{\sqrt{\lambda_1}} \tag{5.7}$$

基于此，从二维格网 DEM、DSM 特性开始，利用格网内点云的最高点(即DSM)和最低点(即 DEM)，对每个二维格网进行分析，分别计算非地面点的相对高度、高度标准差、平面粗糙度等特征，从而判定植被点，为了减少地形变化过快的影响，使用移动滑窗对格网点云逐步迭代计算，选择格网最低点为种子点，依次判断高差，最终得到所有植被点云。为了进一步区分植被高度特性，最后对比了点云与地面相对高度，设置阈值在 0.6m 以内的植被点云为低矮植被，超过该值的植被点为高层植被点。

经该方法计算的部分区域内结果如图 5-13 所示，其中图 5-13(a)为未分类地表对象点云，经过地面点滤波之后结果如图 5-13(b)所示。图 5-13(c)为提取的植被点云，其中浅绿色点云为低矮植被，深绿色为高层植被。图5-13(d)所示为分类后地面与植被点叠加结果，其中土黄色点表示地面点，植被点表示为绿色。将地面与植被点云提取结果和电力对象进行叠加，显示如图 5-13(e)所示，其中电力目标点云按照对象渲染，地表物体点云按照类别渲染。

5. 电力走廊植被障碍检测方法相关参数

本小节主要说明影响 LiDAR 点云分割与提取的相关参数。

1)格网尺寸对电力线提取率的影响分析

由表 5-1 所列出的格网尺寸、点云密度、计算耗时与电力线总数目等信息可以看出，在电力线提取过程中，二维格网尺寸选择 5m×5m 时，电力线检测效果表现最好，且随着格网尺寸的减小，计算耗时则增多；当格网尺寸增大或点密度减小时，正确率则变小。当点密度增加，格网尺寸较小，则过多的点数量使重要特征信息不易计算，从而影响了电力线提取效果。点密度过小的数据中，点间隔过大，容易使格网内线性特征被掩盖，不易得到正确的提取结果。

此外，对比点云密度与计算耗时，发现格网化之后，点云计算的耗时基本不受点密度增加的影响，从而体现出层次化分割在高密度散乱点云处理中的优势。

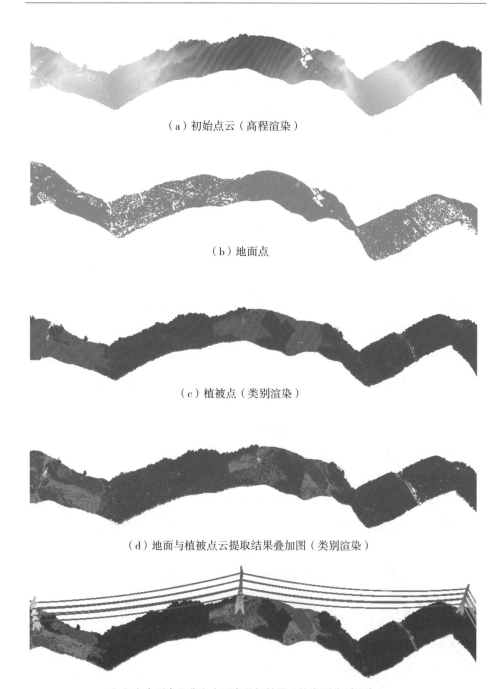

（a）初始点云（高程渲染）

（b）地面点

（c）植被点（类别渲染）

（d）地面与植被点云提取结果叠加图（类别渲染）

（e）电力要素和非电力要素叠加结果（按类别分别渲染）

图 5-13　地面与植被点提取

表 5-1   电力线提取结果与格网尺寸、平均点间距的关系

格网尺寸	平均点间隔/m	电力线总数目	正确提取	错误提取	未检测	准确度	耗时/s
2	0.41	50	27	24(过检测)	2	54%	14.12
3	0.85	50	32	14	4	64%	6.43
4	0.95	50	44	5	1	88%	7.06
5	1.03	58	58	0	0	100%	8.48
6	2	58	49	3	6	84%	8.7

2)电塔点云提取中高差阈值的影响

在对大高差格网进行高程聚类时,聚类高度阈值对聚类结果的影响较大。由于点云预处理在格网分析时根据固定的尺寸分割容易导致整体的电塔点云被人为分割为相邻的多块,邻域格网数据在重新聚类时所选择的不同高程阈值对聚类后电塔点云质量会有不同的影响。如图 5-14(b)~图 5-14(d)中红色方框内电塔区块中的地面植被点云,在对通过特征计算标记为电塔的各个邻近电塔格网分别聚类时,需要选择恰当的阈值以确保(图 5-14(a)和图 5-14(c))塔基附近一定高度的植被点云被尽量多地滤除。因此,基于已有数据分析经验,设置相邻格网的高差 h 需要满足一定的条件,即 h 应小于所提取电压等级电塔所设计的塔头高度 $H_{h.}$,基于多次实验对比,相邻格网平均高度差设置为 $H_h +5$,由图 5-14(c)与图 5-14(d)对比可以发现,该电塔在如上所述阈值下得到了更好的结果,如图 5-14(d)所示。

5.1.4 高压电力走廊三维重建

电力走廊巡线点云目标提取结果尚不能进行对象化分析和目标空间计算。高压电力走廊三维重建就是对提取的场景目标构建具有拓扑关系的三维结构化对象,从而实现高压电力走廊目标三维精细表达。精确的建模可以为后续的模型分析和植被安全风险评估奠定良好的数据基础。林区电力走廊场景三维模型包括由电力线、电塔等设施构成的输电线路模型和由地面及其表面植被等地物构成的地表模型这两个主体部分。高压输电线路中电力目标三维重建,主要是选取精确的三维模型对电力线和电塔进行对象化表达,并基于对象之间的相对

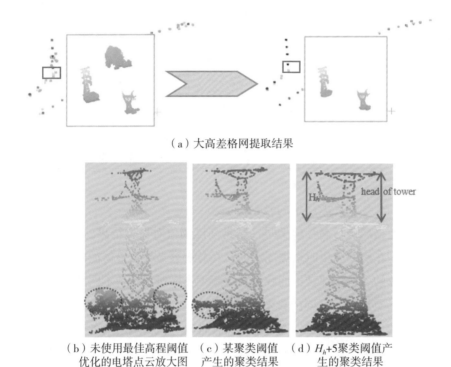

（a）大高差格网提取结果

（b）未使用最佳高程阈值　　（c）某聚类阈值　　（d）H_h+5聚类阈值产
优化的电塔点云放大图　　产生的聚类结果　　生的聚类结果

图 5-14　电塔提取点云高程聚类及优化结果对比

位置构建拓扑连接关系，从而构建面向对象且可计算分析的三维模型。面向植被障碍隐患的地物对象三维重建，主要是利用已经提取的地物点云，使用空间内插法构建能够准确表达地物表面形态的地表三维模型（DSM）的过程。

　　为了对输电线路植被风险进行计算和分析，5.1.3 节中利用基于对象特征的规则化方法从林区环境高压电力走廊点云中提取了电力线与电塔两类显著性电力目标点云和地面与植被地物要素点云。在此基础上，本节将分别进行各类主要目标的三维对象重建和表达。

1. 基于三维悬链线方程的电力线拟合与重建

　　无人机数据采集中不可避免地会有一些遮挡或受风力影响产生的数据波动，导致目标提取得到的电力线点云产生部分缺失，因而使用一种能够使电力线点云得到最佳拟合的数学模型进行电力线形态的矢量化模拟，是进行电力线安全分析的重要基础。针对单档单根电力线点云的拟合，常用方法有基于悬链线方程、抛物线方程、二次多项式方程，以及多段微分拟合模型的拟合方法等（段敏燕，2015）。

在微弱风力环境下，架空电力导线在电力线路环境中呈现出一种三维平滑状态，且理想条件下两个段牵引点之内的导线形态为一条均质且受到平衡张力与均匀重力影响的柔索（邵天晓，2003），均匀的电力线激光点云是对电力线的精确测量，在沿线路走向上同样具备这样一种特征。经文献（Melzer et al.，2004；Jwa et al.，2009；段敏燕，2015）推导验证，使用悬链线进行单根电力线点云拟合具有良好的拟合效果和很高的拟合精度，其中三维悬链线方程可以分解为相互垂直的两个投影平面（垂直面和水平面）。因此，电力线的三维建模，便是将电力线点云分别投影到这两个投影面上，再进行空间三维对象的维度分解，以便提高模型方程解算效率。

图 5-15(a)为使用二维悬链线方程对电力线在竖直面内分布形态的数学模拟(式(5.8))。在水平投影面上，电力线点云可以使用最小二乘法近似地拟合为一条直线，直线的法线式方程表达为式(5.9)：

$$C(a,\ b,\ c):\ z = \alpha\cosh\left(\frac{x-b}{a}\right) + c \tag{5.8}$$

$$L(\theta,\ \rho):\ \rho = X\cos(\theta) + Y\sin\theta \tag{5.9}$$

在对电力线点云进行拟合的过程中，介于电力线的轻微扭动或个别噪声的干扰，容易使方程不易收敛。为此，Chen 等（Chen et al.，2018）根据分段拟合的思想（图 5-15(b)），使用 Levenberg-Marquardt 方法进行模型优化，实现模型解算，其悬链线表达式为式(5.10)：

$$C' = \operatorname*{argmin}_{m} \sum_{i=1}^{m} \left[\frac{f(x_i,\ m) - y_i}{\sigma_i}\right]^2 \tag{5.10}$$

使用悬链线拟合的方式进行单档电力线的拟合，如图 5-15(c)所示，电力线点云描述为连续光滑的矢量线段，其中红色点表示电力线，黄色矢量线是拟合后的电力线。弧垂曲线的精确表达，弥补了导线点云分布不均匀的缺陷，使线路植被障碍风险检测可以达到无缝检测的效果。

2. 高压电力要素三维重建

1）辅助信息提取

在构建输电线路目标三维综合对象化模型时，除了使用这些分段拟合的电力线对象，以及其他非对象化目标点云等数据，还需要进行一些辅助信息提

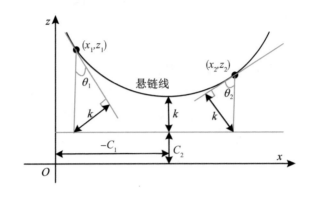

（a）输电导线悬链线矢量拟合（段敏燕, 2015）

（b）分段拟合法(Chen et al., 2018)

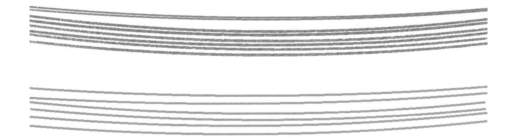

（c）单档电力线拟合结果

图 5-15　电力线的悬链线模型拟合

取，以获取电力线与电塔之间的连接点位置以及电塔中心点位置信息，从而实现输电线路的精确对象化表达。

（1）绝缘子串识别及悬挂点定位：

电力线与绝缘子之间的连接点称作悬挂点，对悬挂点的位置检测即对悬挂点定位。在提取电力线与电塔点云之后，需要对绝缘子点进行聚类搜索，从而准确定位悬挂点。在本章基于格网特性提取的电塔点云中，绝缘子点云实际上被包含在塔头内部，绝缘子点云的搜索与悬挂点定位密切相关，并且在大多数情况下，它连接在电塔上(Arastounia et al.，2015)。因此悬挂点定位需要先从塔头结构一定高度范围内进行多个方向的点云聚类分析，标记出绝缘子点云，然后结合相邻位置的电力线模型端点定位悬挂点。

高压输电塔按照线路承接功能分为悬垂型和耐张型杆塔两种，对于悬垂型电塔，如图 5-16(a)所示，附着其上的绝缘子一般为竖直安置或微小倾斜安置的悬垂绝缘子，绝缘子的方向一般与电力线走向(电力线在水平面投影方向)近似垂直。耐张型电塔上的绝缘子(见图 5-16(b))一般为水平走向安置的耐张绝缘子，但是与线路走向之间可能会存在一定的夹角。对于第一种情况来说，绝缘子和电力线之间的角度和方向变化不大，电塔两侧的电力线端点一直延伸到塔臂(翼展)的中线下方两者之间的连接位置即悬挂点水平坐标，通过一定阈值限制的临近点聚类可以进一步确认绝缘子和悬挂点(Ortega et al.，2019)。对于耐张型电塔来说，绝缘子的走向会发生转换，在绝缘子和电力线之间一般存在一定的夹角，可以通过筒状电力模型(宋爽，2017)进行区域生长，进而通过截面积虚拟搜索判断模型直径变化的方式，进一步确认悬挂点。首先利用基于 α-shape 和电塔点云高程直方图的塔头分割方法从电塔中确定塔头点云(Li et al.，2015)，然后在塔头点云中进行绝缘子点搜索和悬挂点定位，如图 5-16(c)所示为塔顶与绝缘子结构示意图。

悬垂绝缘子搜索主要依靠电力线水平投影线的走向与电塔长度方向中心线进行，可对 Ortega 等所用悬挂点搜索方法进行简单优化。首先，搜索塔头点云中每个点的 n 个邻域点 N_{ij}(i 指当前点，j 是其相邻点)，计算 i 与所有临近点在三个坐标轴方向上的欧氏距离 d_{ij} 和差分向量 V_{ij}，得到点间距离比 R，求出 R 的 n 个临近点距离比并取平均数。然后，将邻域点平均距离比(式(5.11))和邻域聚类垂直度(式(5.12))作为评比指数，检测出位于近似相同平面位置的聚类点集(它们必位于同一垂直聚类集中)，依据悬垂绝缘子点云近似竖直的原则将该点集作为候选悬垂绝缘子。对悬挂点的确定主要是在电塔翼展中心线的一侧完成(图 5-16(c))，首先对在电力线端点沿水平方向延长线至电塔翼展中心线区间内点的未被检测的电力线点云进行水平方向聚类，聚类约束条件为所聚类点集中 90% 的点可以用电力线方程拟合。最后，这些聚类后的非垂直分布的点云通过电力线端点虚拟搜索进一步拟合至悬垂绝缘子底部，其中 Z 值最大的聚类点作为悬挂点。

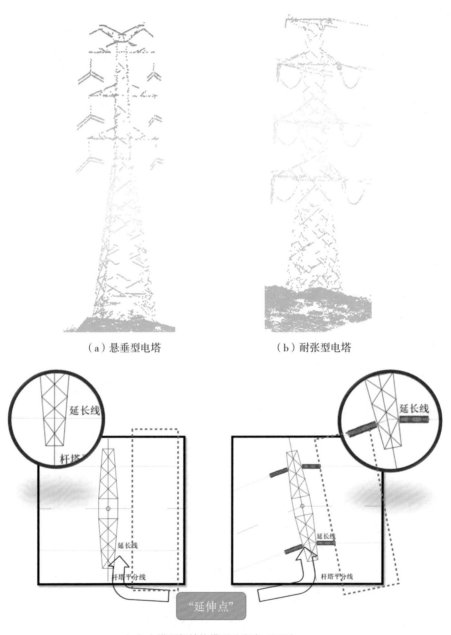

（a）悬垂型电塔　　　　　　　（b）耐张型电塔

（c）电塔顶部结构模型（宋爽，2017）

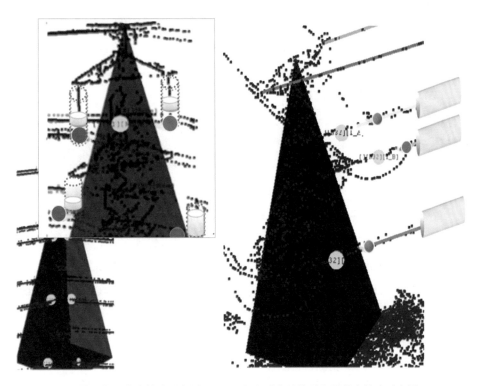

（d）悬垂绝缘子与悬挂点搜索示意图　　（e）耐张绝缘子与悬挂点搜索示意图

图 5-16　按照线路作用分的两种电塔结构类型

$$R_{ij}^x = \frac{V_{ij}^x}{d_{ij}}, \ R_{ij}^y = \frac{V_{ij}^y}{d_{ij}}, \ R_{ij}^z = \frac{R_{ij}^z}{d_{ij}} \tag{5.11}$$

$$\left(\frac{\text{mean}(R_{ij}^x)}{\max(\alpha_1, \ R_{ij}^z)}\right) + \left(\frac{\text{mean}(R_{ij}^x)}{\max(\alpha_1, \ R_{ij}^z)}\right) < \varepsilon_z \tag{5.12}$$

式中，α_1 取值为 0.75m，ε_z 的取值为 0.8m，参数取值为经验值，主要与点云密度和电塔电压等级有关。如图 5-16(d) 所示为悬垂绝缘子聚类过程示意图。

耐张绝缘子搜索，主要是在电力线拟合的基础上基于区域生长实现的。基本过程是：首先以电力线端点为种子点，沿电力线向电塔方向生长，同时以生长点为圆心在垂直于电力线主方向的垂直剖面内以 0.2m 为半径进行邻域搜索（见图 5-16(e)），生长点进入电塔格网点云直到距离电塔水平中心点的距离最小为止，即以生长到电塔翼展中心线为结束条件。其次，将搜索到的点集按水平方向聚类得到绝缘子。在该过程中，对垂直断面邻域内的点数量不断监测，当邻域内点数量增加到原来的几倍时，则为电力线与电塔之间的真实分界位置，可以以此确定悬挂点。

（2）电塔中心点位置信息：

电力线路点云目标提取获得了电塔点云，但是对每个电塔进行对象化是电塔整体安全管理的重要一环，且在输电线路重建的过程中，需要对各个电塔进行建模，因此电塔的精确坐标位置可以为电力线路三维重建提供重要的基础信息。

首先，利用电塔格网数据计算各种点云特征，对各电塔区块点云二维格网特征图像进行分析。其次，对不同的特征图像按像素叠加对比，得到最高特征值的像素位置（见图 5-17(a)）。最后，将电塔特征点云图还原至原始点云，取得电塔中心点对应的高程与坐标信息，如图 5-17(b) 和图 5-17(c) 所示。此处所获得电塔中心坐标具有较高的精度，准确的电塔中心坐标是利用电塔位置进行模型重建和空间关系分析的基础。

（3）电塔标记模型：

国内高压电塔类别一般有猫头型、干子型、酒杯型、转塔、单回型、多回型、多相单回/双回等几种，完整的模型构建比较复杂，需要针对不同的部位，如塔头形状、塔身结构实行分块组件式建模。电力走廊植被安全距离风险评估的对象主要是电力线与植被之间的距离分析，不需要对电塔进行特别精细的可视化模型表达。因此，本研究基于电塔中心点位置，进行基于简单模型标记的电塔重建，大致过程如图 5-18(a) 所示。其中，电塔类型大致可以划分为（耐张）转角型杆塔和直线型杆塔两种。

根据电塔的中心地理位置、前后关系以及实际尺寸，进行电塔的简单模型重建，图 5-18(b) 为基于电塔中心位置标记的电塔重建结果。

2）电塔与电力线对象综合重建

电力线路对象三维重建就是在电力线点云拟合与电塔三维模型标记的基础上，通过电塔与导线的对象空间连接性分析，进行高压线路对象整体性综合重建的过程。如图 5-19(a) 所示为电力线路三维重建的基本路线。首先，利用电塔位置信息对电力线进行档距划分，并基于已有电力线模型利用 RANSAC 方

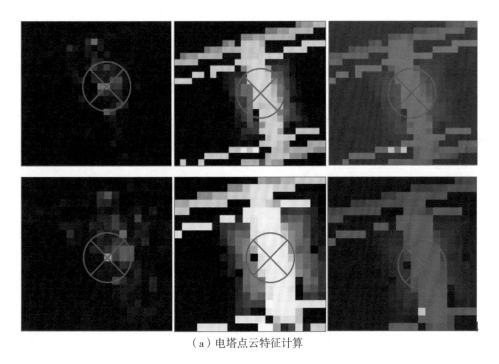

（a）电塔点云特征计算

（b）电塔中心点确定

（c）电塔中心点位置计算结果

图 5-17 高压电塔位置确定

法对电力线点云初步拟合结果进一步优化，使电力线模型端点准确地拟合至悬挂点处。其次，对拟合之后的电力线与电塔对象进行连接性分析和邻接关系构建。最后，根据对象邻接关系形成电力对象拓扑关系集，构建电力线路三维对象综合模型。

电力线的拟合生长过程中，主要基于上一节所用悬链线模型，进行电力线

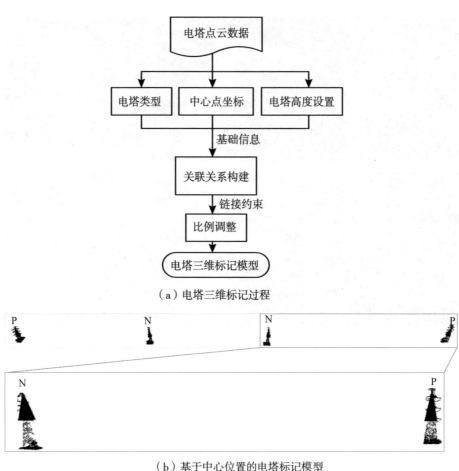

（a）电塔三维标记过程

（b）基于中心位置的电塔标记模型

图 5-18　电塔重建过程

迭代生长，直至所有的电力线成功检测，并在电塔塔头点云附近继续生长至邻近电塔上的悬挂点（图 5-19（b））。然后结合已获取空间辅助信息，考虑电力对象的拓扑连接性进行电塔与电力线的综合对象化重建，效果如图 5-19（c）所示。

最后对电力目标进行整体性拓扑重建，得到结果如图 5-20 所示。

3. 输电线路潜在风险地物表面模型构建

电力走廊数字表面模型一般是利用点云结合影像纹理数据进行真三维重建。为了实现电力走廊植被与输电线安全距离的快速分析，本研究将地面与植

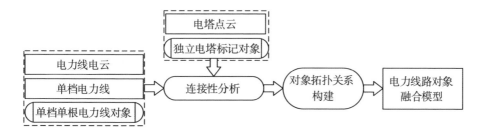

（a）电力线路三维重建技术路线

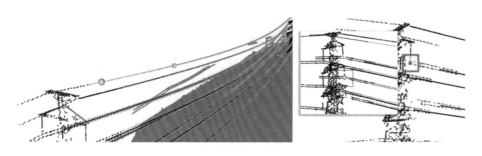

（b）电力线拟合与生长优化

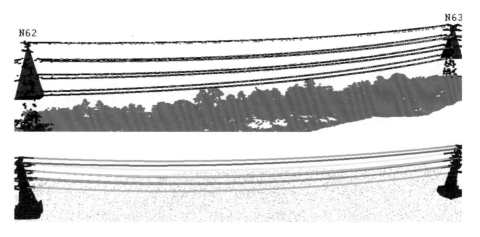

（c）单档电力线路三维重建

图 5-19　电力线路三维重建过程

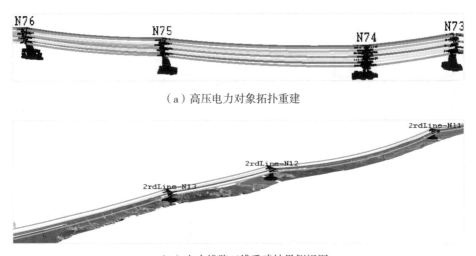

（a）高压电力对象拓扑重建

（b）电力线路三维重建结果侧视图

图 5-20　大范围高压电力线路关键要素整体重建结果

被等非电力要素点云作为地表环境对象点云，并将其融合以构建地表三维模型，针对输电线路下方区域进行快速 DSM 重建。

由于植被地面点云常常存在点过于密集或空洞（河流或遮挡区域）状况，因此在进行线路安全距离风险诊断时，需要通过点云采样与数据内插来构建能够连续表达的 DSM。通常基于点云构建 DSM 的方法有不规则三角网（TIN）建模、规则格网（Grid）建模或混合模型建模等，电力走廊 DSM 主要是以植被点为主分布极不规则，使用 TIN 方式建模容易因点密度过大形成过于复杂的模型而不利于分析和计算，将格网点云初步处理之后构建 TIN 则能够较好地解决这一问题。

首先，将提取的地面和植被点划分为 0.5m 尺寸的规则格网。其次，对格网化点云进行格网采样去除杂乱冗余点，并使用自然临近点插值法进行高程点内插，弥补点云空洞区域的数据空缺。最后，对处理后植被高程点与地面点构建 Delaunay 三角网，对输电线路两侧边缘区域根据高差变化进行曲面拟合，生成地表植被 DSM。

对电力走廊对象重建结果进行综合展示，如图 5-21 所示。

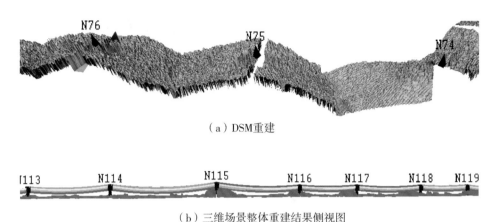

（a）DSM重建

（b）三维场景整体重建结果侧视图

图 5-21 高压电力线路与地面植被点云综合重建

5.2 高压电力走廊植被障碍检测及风险评估

作为电力走廊遥感监测数据的一种，无人机 LiDAR 电力巡线数据在电力走廊植被隐患检测与电力线路植被风险评估中具有良好的效果。通过无人机对电力走廊灾害高风险区段进行风险巡视或通道障碍物巡检（图 5-22），获得输电线路以及走廊地物的三维点云，使用如前所述高压电力线路巡线机载点云处理方法，可以快速获得高精度的三维目标以及对象化重建结果。

输电线路周边植被常因各种原因形成线路障碍，引发线路运行故障。对于输电线路精确量测分析与植被风险预警而言，使用激光雷达数据进行植被障碍隐患检测和风险评估是极为高效的分析手段，主要内容包括线路数据采集处理和基于线路安全距离诊断的电力走廊植被障碍检测。其中，安全距离风险主要是指因电力线路与周围植被的安全距离不足导致的输电线路风险，容易形成故障或灾害，对安全距离不足风险进行评估预警具有重要实际意义。

本研究以面向电力线路山火隐患的林区电力走廊植被障碍风险评估预警为目标，对无人机线路 LiDAR 巡检数据的自动处理方法进行研究，构建了对象化三维电力要素，检测了地表潜在隐患。本节将结合提取并重建的电力线路模型以及地表植被 DSM 设计电力线路植被障碍安全距离分析算法，通过对比线路与 DSM 之间的最小距离与线路运行标准安全距离，评估植被障碍的风险等级，最后基于不同的风险等级对不足安全距离的树障区域进行危险状况预警。

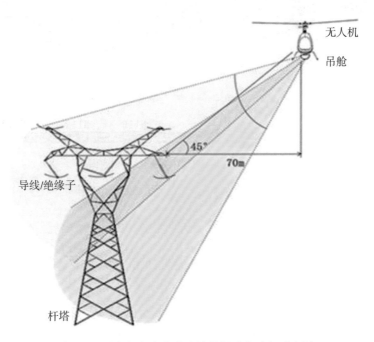

图 5-22　无人机电力走廊巡检数据采集过程示意图

5.2.1　面向线路安全空间的树线距离检测

安全距离分析是输电线路研究中的一个主要应用方面，林区高压电力走廊植被安全距离巡检数据处理中，地面植被对象是距离分析的关注对象，同时在无人机 LiDAR 所建立模型数据应用于电力线路大面积植被风险隐患点研究中还要兼顾方法的稳健性。因此，本研究面向大面积电力走廊中植被风险检测与预警，提出了如下植被安全距离的检测方法：考虑电力线的空间位置以及安全距离分析时要详细计算水平距、垂距以及净距，首先，以净空距离标准为半径，建立线路三维缓冲空间，此为线路稳定运行的安全空间，不应有外物入侵。其次，鉴于直接使用地面点数据分析时因数据空洞可能造成的漏查，使用已构建具有连续性表达的地物点云地面模型进行线路距离风险评估，具体过程（见图 5-23（c））描述如下：

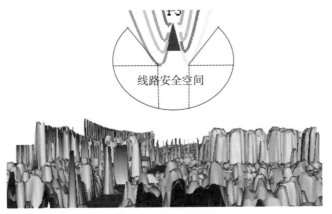

（a）线路安全空间示意图

（b）线路安全距离分析示意图

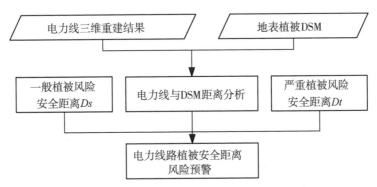

（c）植被障碍安全距离风险分析方法流程图

图 5-23　线路植被障碍安全距离风险计算示意图

（1）以精确重建的电力线曲线为轴心设置安全距离半径，以此建立三维线路流柱体空间作为线路安全区域，如图 5-23（a）所示线路安全空间断面示意图；

（2）对上一步骤中的柱形体空间外表面模型和 DSM 求取交集，分割安全距离超限区块；

（3）分档计算超限区块内部的格网危险点对象，进行植被危险点云分割；

（4）对危险区域植被点按照距离聚类，取聚类中心并分别计算其到电力线路的最短净空距离、水平距离和垂直距离（该聚类距离主要考虑研究区植被长势，以单棵树最大高度为参考值，图 5-23（b）所示为电力线路水平与垂直面安全距离示意图）；

（5）以实际电力线路安全运行标准为依据判断危险等级，结合线路走向与杆塔信息构成植被安全距离风险预警信息。

利用以上方法进行障碍物风险检测，为了提高效率，在对危险植被区域进行风险距离计算时，本研究以最低导线为参考，对 DSM 距离超限区块点云按每 5° 为间隔在电力线安全空间内实现超限点净空距离分析，评定植被障碍安全风险等级。对广东某条 220kV 线路内植被隐患距离风险进行计算，通过分别对比线路在水平、垂直、净距三个方面的最小安全距离要求，检测到两处植被障碍，其中一处最小垂直距离为 3.73m，为严重风险，如图 5-24 所示。

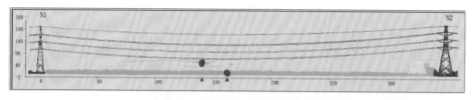

（a）电力线植被安全距离检测结果分布图

（b）安全距离检测结果俯视图

图 5-24　电力线通道安全检测效果（其中最小距离计算结果为 3.73m，小于安全距离阈值 4.5m，评定为水平方向安全距离不足，图中所示红色标记为聚类之后植被障碍点）

检测到的线路风险点处位于近山顶的地势起伏较大位置，森林茂密，如图5-25 中明黄色标记为风险点位置。经过实地考察并结合图像辨识，确认走廊内该位置有植被高度达到严重危险程度。

图 5-25　植被障碍安全诊断巡检线路勘察验证

5.2.2　动态环境植被障碍风险等级评估

如前文所述，利用线路与植被点安全距离计算的方法可以检测出植被障碍点。参照《架空输电线运行规程》（DL/T 741—2015，以下简称线路规程），建立风险评级，见表5-2。

电力线故障多是在大风高温等异常天气状况下发生，因此电力线路植被障碍风险评估除了实现理想静态下输电线路植被风险等级分析，还需要对电力线发生摆动等特殊情况时的短时状态进行植被安全距离风险评估。基于此，本研究一方面分析了线路舞动时的风险植被风险预警，即在安全距离分析部分考虑电力线模型变化，将初始电力线模型加上状态改变后的空间位置偏移与 DSM 数据重新分析，计算线路特殊状态时线路与 DSM 最小距离，对比输电线路植被障碍隐患评定标准，对于此时距离小于安全距离的区域进行潜在危险预警。
另一方面，考虑到植被线路巡检具有一定的时间间隔，除了分析特殊状态下植
被风险，还需要考虑短期植被生长高度变化后的隐患风险，进行基于树木生长
高度变化状态下的安全预警分析。如图 5-26 所示为本研究所实现特殊状态下
植被安全距离风险评估预警流程图。具体过程如下：

表 5-2　　　　　　　　　　　　**线路植被障碍风险等级评级表**

电压等级	导线对树木最小 垂直距离 Dt_1(m)	边导线对树木最小 水平距离 Dt_2(m)	隐患/风险 等级
800kV	$Dt_1 \leqslant 9$	$Dt_2 \leqslant 9$	重大
	$9 < Dt_1 \leqslant 12$	$9 < Dt_2 \leqslant 12$	一般
500kV	$Dt_1 \leqslant 7$	$Dt_2 \leqslant 7$	重大
	$7 < Dt_1 \leqslant 10$	$7 < Dt_2 \leqslant 10$	一般
220kV	$Dt_1 \leqslant 4.5$	$Dt_2 \leqslant 4$	重大
	$4.5 < Dt_1 \leqslant 7.5$	$4 < Dt_2 \leqslant 7$	一般
110kV	$Dt_1 \leqslant 4$	$Dt_2 \leqslant 3.5$	重大
	$4 < Dt_1 \leqslant 7$	$3.5 < Dt_2 \leqslant 6.5$	一般

　(1)利用安全距离基本参考阈值建立电力线路安全缓冲空间；

　(2)对线路安全空间模型与包含地面与植被的综合表面模型 DSM 交集，
分割安全距离超限植被隐患点；

　(3)计算线路侧方摆动状态下的隐患安全超限隐患点。首先在第(1)步构
建线路缓冲距离时，将安全距离标准阈值加上线路最大摆动阈值与弧垂长度
(相同环境条件下该值主要跟档距有关)，其算式见式(5.13)，然后转入步骤
(2)求得线路植被障碍的隐患点；

　(4)计算植被单月高度增长下的隐患安全距离超限点。首先计算植被单月
高度增长模拟值(白娟，2015)，然后使用植被预估高度更新 DSM，转入步骤
(2)求得一定时期内线路植被障碍的潜在隐患点；

　(5)对危险点(或隐患点)按距离聚类，分别计算聚类中心与电力线路的最
短净空距离、水平距离和垂直距离。对电力线周围的植被隐患点风险进行

预警。

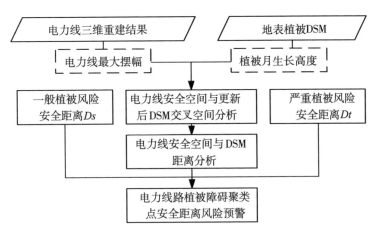

（a）动态环境下线路安全风险评估流程图

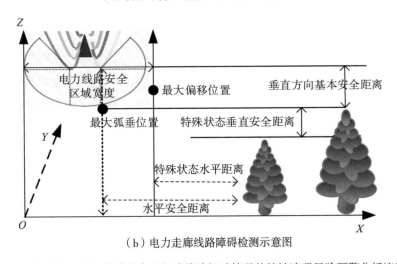

（b）电力走廊线路障碍检测示意图

图 5-26　考虑树木侵入线路安全空间或线路摆动情况的植被障碍风险预警分析流程图

$$y(x, t) = A_o \sin \frac{2\pi x}{\lambda} \sin 2\pi ft \tag{5.13}$$

式中，A_o 为导线摆动的最大振幅（mm），t 为振动的某时刻（s），f、λ 为导线振动的固有频率（Hz）和波长（m），x 为电线距悬挂点的水平距离（m）。

利用以上方法进行植被风险预警，即可依据线路规程及安全距离计算结果来分析线路植被风险评估隐患等级，寻找需要重点关注的植被隐患点，从而划分不同的危险等级，实现对植被隐患安全距离超限位置信息的有效预警。

5.3　本章小结

　　本章面向电力走廊高等级火险区段植被障碍隐患，主要研究了 LiDAR 安全距离巡检数据处理以及植被障碍风险评估预警方法。首先，为了提高无人机 LiDAR 巡线数据的处理效率和效果，提升自动化水平，对基于无人机 LiDAR 数据中电力目标提取进行了研究，提出了一种基于无人机 LiDAR 数据的高压输电对象快速提取方法，利用基于层次化格网细分的多维结构特征和空间分布特征进行多自动提取，实现了从无人机采集的通道点云中快速分割提取出主要高压输电要素以及地面与植被要素点云。算法能够消除非当前关注线路对象的干扰，剔除不完整的低压电力线，并在海量点云中有效地获取三维目标的精确坐标，具有较高的目标提取效率和精度。在此基础上，对获取的高压电力线、电塔等目标，重建其在电力走廊场景中的三维模型，构建三维地理空间对象关系。最后，以电力线为参照，在水平、垂直、净空距离等多个空间角度上分析了电力线到地面植被对象之间的空间距离，从而依据相应的安全距离诊断标准进行了多种情况下线路与地表植被的距离计算分析，判断电力走廊植被障碍安全距离隐患，实现了输电线路通道安全状态分析和预警，为走廊安全维护提供数据支持。

第6章 林区高压电力走廊安全风险评估实验分析

在野外林区山区环境中，电力走廊常常受到周围植被侵扰形成重大隐患，并可进一步引发故障，无人机输电线路巡检是电力走廊植被风险检测、评估与管理的重要任务。前文分别从不同尺度研究了电力走廊山火风险分析与评估预警，以及基于 LiDAR 安全距离巡检数据的电力走廊高等级火险区段植被障碍隐患的检测预警方法。本章主要针对以上研究进行实验分析和验证。

6.1 概　　述

中国南方电网辖区的超高压电力走廊跨越长度二十多万千米，占全国超高压电力线长度的 1/6 之多，而穿越森林植被覆盖区线路达 60% 以上。其中，广东省北部有大面积山地，西部有大片丘陵山地，南部沿海地区气象环境复杂多变。高压主干配送网络密集，地形地貌复杂，加之东西部发展不平衡，电能生产与输送量大，导致该区域常处于故障高发状态。同时，极大的电力走廊植被覆盖面积造成因植被障碍而引发的输电线路故障风险不断升高，且森林区域山火多发，往往给输电线路带来重大灾害。

多源遥感数据是进行电力走廊风险探测与预警的重要数据来源。林区电力走廊受山火影响严重，本书从电力走廊山火预警与防治以及线路周边植被风险管理两方面进行了深入研究，提出了基于电力走廊火险分级结果进行高风险区间小尺度精细植被风险巡检与预警分析的方案，研究了电力走廊火险分析方法和巡检数据处理技术，建立了 PC-FRI 指数模型，并研发了基于无人机 LiDAR 巡线数据的电力线路植被风险检测与评估方法及处理系统。

本章将在中国南方电网广东部分区域电力走廊内采集线路多源监测数据并进行试验，测试本研究方法的效果。

6.2 研究区域与实验数据

本节将对研究区域使用卫星灾害监测系统和无人机巡检系统采集的多源遥感数据以及气象监测数据进行简单介绍。研究区域定位在广东省北部某高压输电线走廊内部分植被覆盖地区。

6.2.1 电力走廊火险相关多源数据

选取韶关市两条高压电力走廊及周边环境区(如图 6-1(a)区域)为试验区,进行数据采集和实验分析,该试验区位于广东省北部,地形以山区丘陵为主,地表植被覆盖较多。为进行本条电力走廊区域火险分析,采集了以下几种数据(原始遥感数据/衍生产品或其他类型监测数据):

(1)Landsat8/ OLI 陆地卫星数据,其过境时间为 16 天。主要使用其中 30m 分辨率多波段数据获得地温反演数据和植被覆盖度数据。该数据源自美国航空航天局(NASA)网站①。

(2)SRTM 卫星 30m 分辨率 DEM 数据。地形类数据由 DEM 衍生而来,本研究地形数据源自美国航天雷达地形测图数据,在 NASA 网站下载。

(3)地表覆盖类型分类数据。国内很多科研机构提供了较高分辨率地表覆盖数据,本研究使用的 30m 分辨率地表分类数据源自清华大学宫鹏教授科研团队②(Gong et al., 2017),地物类型共分为 10 类,前文已经进行了详细描述。

(4)地面气象监测数据。该数据来自国家气象科学数据信息中心所提供的各地气象数据,数据下载自中国气象数据网③。所用气象数据包括降水、湿度、温度和风力值。

选择部分气象观测内容进行展示,如图 6-1(b)所示内容为研究区域彩色合成影像,表 6-1 所列内容为线路周边地区月度气象观测值,包括测站源数据

---

① 来源:earthexplorer. usgs. gov.
② 来源:data. ess. tsinghua. edu. cn.
③ 来源:data. cma. cn.

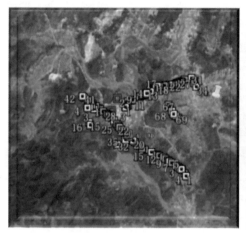

（a）待研究电力走廊周边环境　　　　（b）Landsat8遥感影像数据(6,5,4波段合成)

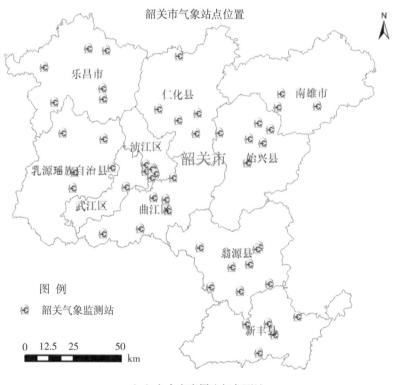

（c）电力走廊周边气象测站

图 6-1　试验区位置与试验数据

以及观测值：月平均气温、月平均最小相对湿度、20—20 时月降水量、最大风速和最大风速的风向。

表 6-1　　　　　　　　　　　　试验区周边气象监测数据

站号	经度	纬度	时间	月平均气温（℃）	月平均最小相对湿度	20—20时月降水量（mm）	最大风速（m/s）	最大风速的风向（°）
G2305	111.93	21.78		27.6	87	368.2	19	320
G2307	111.96	21.86		28.2	89	485.4	8.2	326
G2309	111.88	21.71		28.6	82	432.1	16.4	343
G2310	111.931	21.6667		27.78	81.4	407.9	22	289
G2317	111.8	21.95	2018-09-01	27.2	76	462.2	13.6	333
G2318	112.07	21.93		27.5	84	300.5	5.9	168
G2319	111.95	22.03		26.8	86	566.4	10.3	78
G2320	112.22	21.73		28.7	79.4	330.7	19	296
G2325	112.03	21.82		27.7	78	288.8	10.9	300

6.2.2　无人机 LiDAR 相关数据

从以上电力走廊内获取线路高等级火险区段的无人机 LiDAR 数据用于实验分析，其数据采集范围如图 6-2 所示。

采集区域为韶关 220kV 曲坦甲线区域中高火险区域，原始点云缩略图如图 6-3 所示，点间距为 0.2~3.6m，区域覆盖面积为 0.14 × 14.7 km²，其中线路跨越山区范围较大。使用无人直升机（图 6-3（b）和图 6-3（c））采用超低空双侧往返式采集，巡检系统搭载传感器的详细信息见表 6-2。采集过程中飞机与线路中轴线水平距离为 30m，距离地面 180m，巡检速度为 15m/s。激光雷达起止扫描角度为 155°~209°，扫描线数为 100 线/s。采集时气象条件良好，巡线点云中主要包括电力线路点云、植被点云、地面点云以及少量的建筑物和道路点云，数据的详细信息见表 6-3。

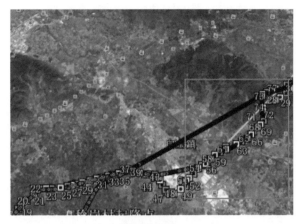

（a）数据采集区

（b）部分线路实景图

图 6-2 部分研究区数据采集过程

表 6-2 传感器参数信息

	定位精度（m）	速度（m/s）	设备描述
激光扫描仪	0.015	200 line/s	RIEGL VUX-1LR
POS	0.05（水平方向），0.08（垂直方向）	0.005 m/s	Custom-built model
IMU	0.1（水平方向），0.2（垂直方向）	100 Hz	Custom-built model
GPS	0.04（水平方向），0.06（垂直方向）	—	NovAtel Propak6

（注：Custom-built model 表示自主定制模块；NovAtel Propak 6 是卫星信号接受器）

表 6-3　　　　　　　　　　　**无人机 LiDAR 巡线数据详情**

内容/项	点云信息
电压等级（kV）	220
区域长度（km）	14.7
点密度（pts/m²）	34.1
电塔个数	41
地形特征	山地、丘陵林地为主
激光器	RIEGL VUX-1LR

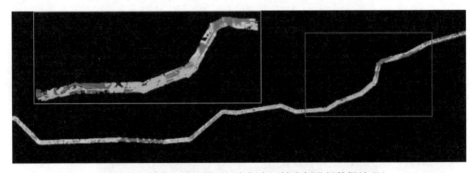

（a）原始点云缩略图（红色框内区域为例进行数据处理）

（b）无人机巡检平台　　　　　　　　　　（c）激光扫描器

图 6-3　实验数据与无人机采集系统

6.3 高压电力走廊火险评估与高等级火险区域识别

本节处理过程主要包括两个步骤：首先，对气象监测及多源分季度遥感数据进行预处理，得到电力走廊试验区火险因子数据。其次，对预处理结果利用 PC-FRI 模型进行火险分析和评估，得出不同季节的高等级火险区段。

6.3.1 多源火险数据融合处理

以韶关 220kV 曲坦甲线与 500kV 曲花甲线线路周边区域为参考进行大范围电力走廊区域环境数据预处理，主要包括数据整合、区域剪裁、初级指标计算等步骤。数据初步整理、计算以及融合处理主要基于 GIS 和 RS 进行，主要步骤如下：

（1）LST 反演。主要基于所获取的 Landsat8 数据中 Band10 热红外波段，利用覃志豪等提出的单窗算法（覃志豪等，2001）提取地面温度，并将其与地面气象站气温插值数据相融合。

（2）气象数据插值。使用反距离加权法进行空间插值。

（3）使用 DEM 数据计算坡度、坡向，并使用 Landsat 陆地观测数据计算 NDVI 与植被覆盖度。

（4）借助商业软件 ArcGIS® R 和 ENVI®对所有数据进行坐标纠正、区域掩膜和裁切，通过投影转换统一坐标系，并对各类地理数据进行分辨率一致化处理，实现多源数据的一致性融合。得到如图 6-4 所示的火险因子空间分布结果，其中图像经过灰度拉伸或彩色渲染。

然后，对季节性因子的取值进行了实验测试和趋势分析，经过多次实验处理结果讨论并基于森林防火信息的详细对比，本实验将火险评估模型中的季节性比例因子系数调整为 0.8，即对线路因火险故障较低时段设置了适中的时节性惩罚项。

6.3.2 高压电力走廊火险评估与风险等级区划结果分析

为了评估输电线路周围环境发生山火的风险，本研究选取了输电线路及其周边区域的 3km 条带监测数据进行 PC-FRI 火险模型计算。

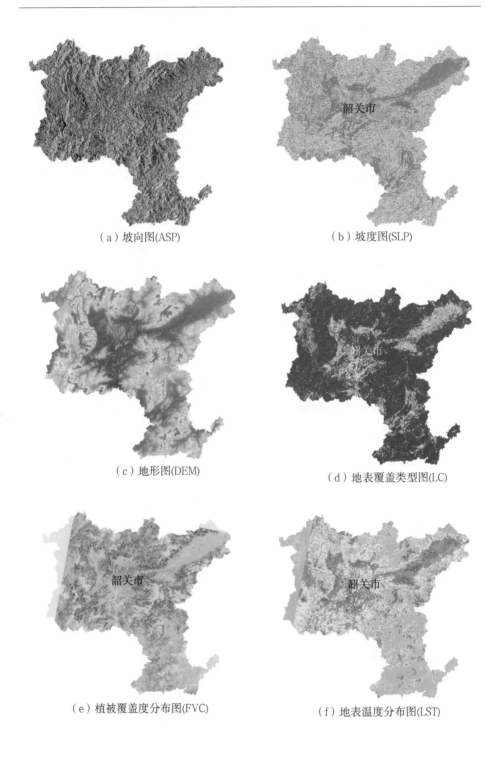

（a）坡向图(ASP)

（b）坡度图(SLP)

（c）地形图(DEM)

（d）地表覆盖类型图(LC)

（e）植被覆盖度分布图(FVC)

（f）地表温度分布图(LST)

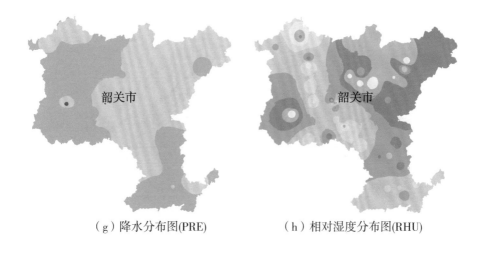

（g）降水分布图(PRE)　　　　（h）相对湿度分布图(RHU)

（i）风速分布图(WD)

图 6-4　火险因子数据预处理结果

　　基于此，对所选电力走廊区域 2018 年各季度数据分别进行实验处理。利用 220kV 曲坦甲线和 500kV 曲花甲线两条电力走廊范围各个火险因子作为模型数据输入进行分析，分别对全年中多个季度数据进行火险评估并建立线路走廊火险等级区划，从而判定高等级火险区段，实现高等级火险区分级预警。

　　为了对不同季度实验结果中火险等级的变化趋势和分布特性进行对比评价，此处取各个季度火险等级评估结果中一个月为例来说明，如图 6-5 所示。

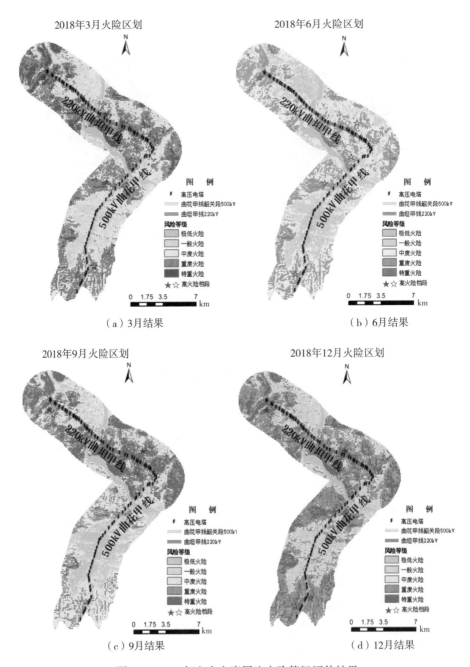

图 6-5　2018 年电力走廊周边火险等级评估结果

首先，从区域总体火险时期变化特性来看，夏季火险等级最低，春季火险等级较高，且由秋、冬至春季线路高火险区段长度存在逐渐增高的趋势。其次，从整个区域高等级火险面积可以看出，山火高发季节为冬季和春季，秋季次之，而夏季电力走廊区域火险等级普遍很低，这也是由于广东省夏季降雨偏多，极大的降水量形成了山火控制性天气，因此电力走廊周边甚至整个研究区内山火不易发生。从微小尺度分析，在曲坦甲线左上部分区域山火相对易发生，一直是该区域火险等级最高的区域，在线路火险防控中需要特别关注，在应注意清除该区域几基杆塔档段附近的过多植被，降低线路山火故障发生的风险；而曲花甲线中段区域是一年内持续保持火险等级较低状态的唯一区段，对该处线路的火险防范警示程度可以相对宽松一些，同时此处十多基杆塔区间植被障碍风险巡检任务可以次于其他高火险区段。

本节应用 PC-FRI 模型对韶关曲江供电局部分电力走廊区域的多季度火险进行分析，识别并标记了不同季度下高等级火险区段。因此，针对某些风险等级较高区段，提出了对其周围的植被障碍隐患进行及时精准的无人机巡检和安全距离风险分析的建议，分析结果可以作为电力走廊火险预警和线路可靠性运行分析的重要数据支持。

6.4 高压电力走廊植被障碍风险评估

本节基于南方电网采集巡检数据，利用第 5 章基于无人机 LiDAR 数据的林区电力走廊植被障碍风险评估方法所编写的无人机载点云的高效数据处理与植被障碍自动化安全风险诊断系统进行综合实验分析，实现对电力走廊植被障碍自动化安全风险评估方法的实验效果验证。首先，针对大尺度的电力走廊山火风险中的高风险区段，通过无人机 LiDAR 三维目标提取并进行模型化重建。然后，结合线路"运行规范"，构建安全距离诊断模型，实现线路植被安全检测，形成隐患与危险等级报告，返回线路的分段危险等级以及危险线路段坐标。

本节实验环境为 Windows 10 专业版系统平台，1060 GTX 显卡，使用 16G 内存，开发环境为 Visual Studio 2013 及 Qt 4. 3. 1。

6.4.1　高压电力目标提取结果分析

无人机 LiDAR 电力巡检是电力走廊风险监测的重要数据来源，无人机 LiDAR 高压电力巡线数据中的基本目标主要包括输电对象及与输电系统混杂的植被地面环境因素。

在对曲坦 220kV 线路数据中电力目标提取之后得到效果如图 6-6 所示。

利用精确度与召回率、F1 得分三项指标对电力目标提取结果分别进行评价，详细结果如表 6-4 和表 6-5 所示，其中电力线提取准确率达到 96.3%，召回率为 95%，F1 分数为 95.6%。其中有一根电力线在扫描点云中间产生过大间断，点间距较大部分电力线点未能提取成功。

表 6-4　　　　　　　　　　**电力线点云提取结果评价**

电力线提取	数据
Precision（%）	96. 3
Recall（%）	95
F1（%）	95. 6

表 6-5　　　　　　　　　　**电塔点云提取结果评价**

电塔提取	数据
Precision（%）	96
Recall（%）	98. 2
F1（%）	97. 1

电塔提取结果中，该条线路点云中共有 41 基杆塔，完整地提取 39 基，一基杆塔因点云结构确实过多而漏提，另一基杆塔周围混杂有植被点云未能完全

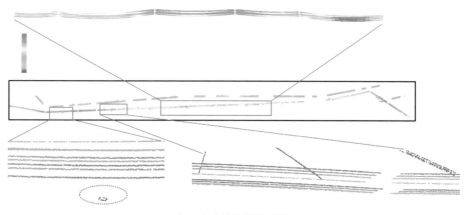

（a）电力线路提取结果

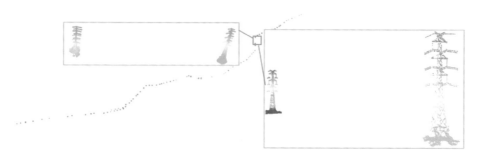

（b）电塔提取结果

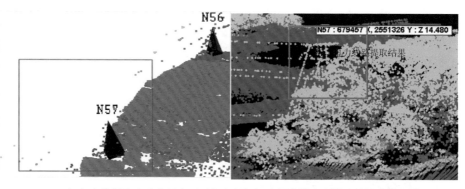

（c）电塔提取失败位置点云（红色框标记为部分缺失电塔和植被遮挡电塔）

图6-6 曲坦220kV线路中高压电力目标提取与分析

分离。影响成功率的主要原因是扫描点云中漏掉的杆塔缺少大半部分塔头点云（如图 6-6（c）所示），其次是植被生长过于密集。

从整体评价结果中可以看出，综合提取率达到 96%，提取效果相对较好，并且实际效率较高。基于机载点云的电塔及中心点位精确提取的研究较少，此处将本文电力线提取实验结果与 Jwa 等（2009）和 Guo 等（2015）所提出的方法进行对比，如表 6-6 所示，对比结果中，后两种方法的召回率比较高，反映了方法在线对象的识别能力方面表现更好，但是本研究方法在提取精度上更高，反映了对高压电力线目标更好的提取精确率。

表 6-6　　　　　　　　　电力线提取实验结果对比

电塔提取	本文方法	方法 1[①]	方法 2[②]
Precision（%）	96.3	95.1	93.5
Recall（%）	95	96.6	97.2
F1（%）	95.6	95.8	95.3

注：①Sohn et al.，2009；②Guo. et al.，2015.

此外，电塔中心点位识别如图 6-7（a）所示，从结果可以看出塔中心能够有效地在电塔点云中快速获取电塔中心精确坐标，与电网提供电塔位置中心点坐标进行比较，其整体平均标准差 RMSE 低于 0.25m，如图 6-7（b）所示，电塔位置提取精度比较高，可以在电网监测中发挥重要作用。

6.4.2　高压电力走廊目标三维重建

对曲坦甲线某段线路目标提取结果进行拓扑三维重建，选择 N65—N77 段重建，结果显示如图 6-8（a）~图 6-8（c）所示，其中电力线使用不同颜色区分不同相线。

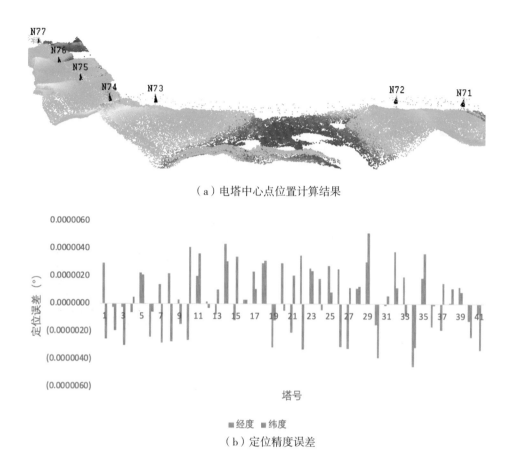

（a）电塔中心点位置计算结果

（b）定位精度误差

图 6-7 曲坦 220kV 线路中电塔中心点计算结果

6.4.3 安全距离检测及植被风险等级评估结果分析

基于以上结果对线路周边植被安全风险进行评估，主要包括植被障碍安全距离检测和风险等级评估两部分。依据线路规程及南方电网公司发布的《输电设备缺陷定级标准（运行分册）》，实验区段共检测出 6 项安全距离不足风险，包括 4 项一般风险和 2 项重大风险。4 处导线距离地表树木较近的情况，树木净空距离小于 7m（见表 6-6），其中 2 处与树木净空距离小于 3.5m，判定为重大风险。

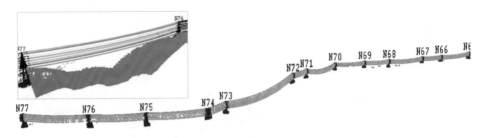

（a）电力对象三维模型重建

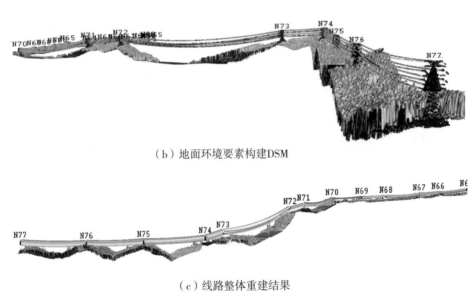

（b）地面环境要素构建DSM

（c）线路整体重建结果

图 6-8 电力线路三维模型重建

各处障碍的位置、距离和风险等级如表 6-6 和图 6-9（a）~图 6-9（g）所示，图中档距内树障风险点为聚类后结果，分别用不同大小的红色椭圆来标记。最终按照规定格式生成风险预警报告，为电力线路维护工作提供数据支持。实地拍摄部分图片如图 6-9（h）所示，经过实地勘察验证，实验结果与现实相符。

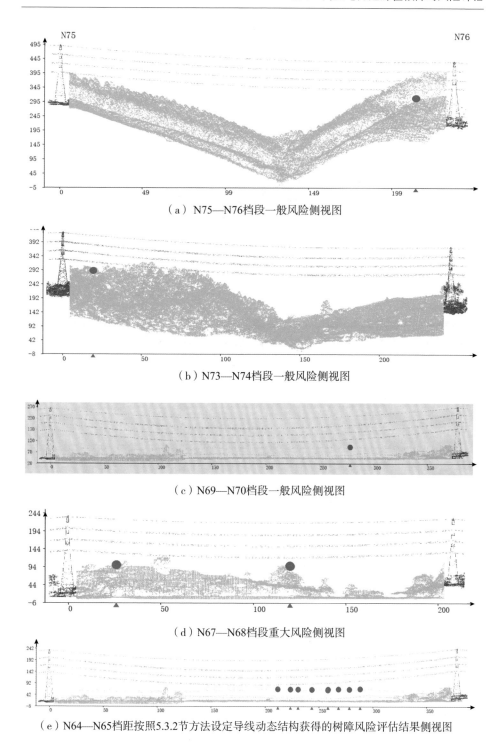

（a）N75—N76档段一般风险侧视图

（b）N73—N74档段一般风险侧视图

（c）N69—N70档段一般风险侧视图

（d）N67—N68档段重大风险侧视图

（e）N64—N65档距按照5.3.2节方法设定导线动态结构获得的树障风险评估结果侧视图

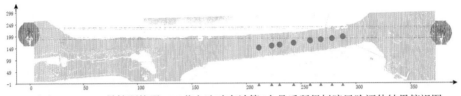

（f）N64—N65号档距按照5.3.2节方法动态计算6个月后所得树障风险评估结果俯视图

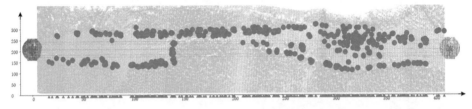

（g）N64—N65号档距按照5.3.2节方法计算植被生长12个月后所得树障风险评估结果俯视图

（h）N67—N68档段重大风险实拍

图 6-9　220kV 曲坦甲线部分植被障碍风险评估结果显示

野外高压线路植被隐患/障碍主要为各类疏密度的乔木、灌木，甚至一些生长速度极快的湿地植物。林区电力线路周边一般有较大植株，容易形成重大隐患，林木植被分布不规则，能够周期性生长，是线路巡检与维护的重要对象，需要做到及时发现和提前预警，但是电力线路分布的广泛性决定了无法全面顾及所有风险。按照架空输电线路规程，巡检时，导线与地物之间的距离应确保满足标准安全距离阈值。在一些植被生长茂盛区域，电力线路的维护常常需要面对植被快速生长造成的干扰以及地表植被火等因素的影响。

表 6-6 安全距离不足风险明细表

序号	线路名称	杆塔区间	小号塔距离/m	最小距离/m	风险预警等级
1		N75—N76	214.116	5.160	一般
2		N73—N74	20.4574	6.956	一般
3		N69—N70	279.004	6.750	一般
4		N68—N69	24.1922	3.180	重大
5	220kV 曲坦甲线	N68—N69	89.6731	4.398	重大
6		N64—N65	127.7453	6.375	一般
7		N64—N65	49.8187	5.018	一般
8		N64—N65	36.2414	6.132	一般
...		N64—N65	...	...	一般/重大

　　面对以上矛盾，本节结合电力走廊火险分析和无人机 LiDAR 巡检数据进行大区域线路风险等级评估并对沿线路植被距离风险状态进行分级预警，提供了隐患点的线路区段坐标和危险预警等级等重要信息，为沿线重大风险区段的风险控制提供了重要依据，同时根据不同时刻或状态下的风险分析得到不同时段的预警等级，可以及时发送信息以供线路维护人员进行修剪或清除，从而确保线路运行安全稳定。

　　总之，在林区电力走廊 LiDAR 巡检数据中，植被都高于地面点，且在非极端气象状态下电力线与地面的距离可以满足输电线路安全距离要求，植被障碍风险评估主要是计算植被最高处的点到电力线之间的距离是否足够。基于此，以常见的植被类型为对象，根据植被生长模型预测一定时间段后树高生长变化，可以对一段时间的树线距离进行综合评估，并预测彼时的线路植被风险状态，从而实现面向植被隐患预警的早检测、早发现、早清理。利用三维激光雷达测量技术得到地表物体的精确三维坐标数据，提取电力线并结合植被等变化性目标或典型气象危险实现针对电力线与干扰要素的精确位置与高度信息的风险评估与预警，是进行电力线路植被障碍风险防治的科学而有效的手段。

6.5　本章小结

本章利用火险评估模型和电力走廊植被风险检测方法进行了实验和分析。对研究区域部分电力走廊进行详细的山火风险分析、评估和预警实验，并对山火高风险区段电力线路进行了植被障碍隐患检测，对无人机 LiDAR 数据处理进行精度评价，最后实现了线路周边植被的短期风险分析及预警，并且得到线路的不同区段、不同杆塔的山火风险状况、植被障碍危险段坐标等信息，为线路安全风险防控提供了辅助决策支持。

首先，经过本章实验分析，充分证明了应用电力走廊及其周边环境中多源遥感监测和短期预测数据的重要性，风险预警是提高电力走廊风险安全防范的重要基石，多尺度遥感数据在其中发挥了重要作用。其次，综合利用多源数据进行电力走廊环境的(山火)风险评估以及受灾分析具有重要的意义。统筹卫星遥感数据，预测山火发生风险，结合无人机遥感数据精确分析电力走廊具体环境状况，对评定(山火)灾害和提高风险响应能力有很大的益处。最后，建议在电力走廊附近架设一些气象监测站或利用低轨气象卫星对线路周边环境进行定期、定向观测，对杆塔与电力走廊周边环境实行火险气象与重大灾害预报，从而增强对风险灾害的预测预防能力。

第7章 结论与展望

7.1 研究总结

隐患检测与安全风险评估是服务于智能电网建设的重要内容，本研究首先分析了多源遥感数据在电力走廊风险评估预警的应用现状，针对高压输电走廊线所面对的自然灾害和极端气象风险（如山火、雷暴、覆冰、风偏等问题），选择山火危险为研究对象，基于山火形成的气象条件，综合地形等各因子，利用多源遥感数据展开电力走廊区域山火发生风险的研究。然后，结合当前电网巡线数据处理所面对的关键问题，对电力点云目标提取和植被障碍风险检测评估问题进行较为深入的研究。

首先，面对林区电力走廊中各种灾害和风险隐患，以严重威胁电力走廊安全的山火风险和植被障碍隐患为主要内容，综合电力走廊周边的地形、人文活动、气象监测等各种数据进行详细分析，根据火险因素相关性，建立电力走廊火险评估指数模型，构建林区电力走廊火险评估体系，定量地评估电力走廊区域的火险情况，制定火险分级区划图，识别高等级火险区段并实行电力走廊火险分级预警，为大范围山火灾害下电力走廊安全风险管理和稳定运行提供数据支撑，并为进一步面向电力走廊火险故障的植被障碍隐患巡检和清除提供基础信息。

其次，提出了山火风险分析指导的电力走廊高等级火险区段 LiDAR 植被安全距离巡检方案。面对电力走廊周边山火多发的情况，基于不同的时间和空间尺度分析了电力线路所受山火威胁较高的区段和时间段，提出利用电力走廊风险等级指导电力走廊巡检，面向特定的风险防范需求，以风险等级评估为指导优化电力走廊植被障碍（树障）安全距离巡检方案，按风险级别及其重要性实行更加灵活、高效的电力巡线，从而提高电力线路巡检与安全风险检测的针对性，实现巡线和风险管理的精细化和智能化。在应用上述火险方法时，模型数据若使用实时气象信息或气象预测数据，则能使模型对动态火险变化更为敏感，进而电力走廊火险预测水平更为可靠。

最后，基于近距离无人机遥感激光雷达巡检平台数据，研究了电力走廊中输电线路对象及其附近植被点云的快速提取方法，并根据进一步重建的电力走廊场景精确三维要素实现了不同环境下多条电力走廊线路树障的危险点检测、植被障碍风险等级评定，形成了风险预警信息，对重大风险点和一般隐患点进行分级预警，为线路维护人员提供数据支持，有利于推动电力巡检走向自动化、智能化。

基于以上研究，研发了一套高效的植被障碍自动化安全风险诊断系统，并利用南方电网巡线数据进行实验分析，验证了方法的有效性和可靠性。实践表明，针对电力走廊高等级火险区设置重点防护线路段、建立更高的优先等级，是输电线路山火防范和植被障碍巡检与诊断中更为科学高效的做法，能够更好地节约人力、物力。对高等级火险区分批次巡检和分析植被风险，从而科学指导植被的"清障"工作。

7.2　研究的创新点

针对林区电力走廊山火风险评估精度较低、及时性不强以及大面积山区、林地环境机载 LiDAR 巡线数据目标提取效率低、植被障碍检测自动化不足等问题，研究了基于多源遥感数据的电力走廊火险评估预警方法和线路植被隐患检测与风险评估方法。本研究主要有以下几个方面的创新：

（1）设计并构建了中小尺度下具有强针对性和适应性的电力走廊火险指数计算模型（PC-FRI）以及相应的火险等级评估体系。

本书分析了诱发火灾的相关气象、地形、人为活动等因子，建立了基于多源数据的电力走廊火险评价指数模型 PC-FRI，改善了利用森林火险指数评价电力走廊火险的不对称性，从而有效提高了电力走廊火险评估的精度；引入运筹学领域的层次分析法，并结合粒子群优化方法，对模型系数进行求解优化，解决了层次分析法中判断矩阵不一致的问题；利用等差分级法构建了与 PC-FRI 对应的电力走廊火险等级评估体系，从而划分电力走廊区域火险等级，识别高等级火险区域，为电力走廊山火预警和等级划分提供了重要的科学依据，并能够辅助优化电力走廊巡检计划，提高电力走廊安全巡检的科学性和针对性。PC-FRI 模型基于动态变化数据，可以利用短期气象预警信息实现未来状态下线路走廊火险预测预警。

(2)提出了基于无人机 LiDAR 巡线数据的高压电力走廊目标快速提取方法，实现了电力走廊三维形态的准确刻画。

本书引入空间哈希存储结构，利用基于层次化网格细分的多维结构特征和空间分布特征进行分析计算，实现了基于规则的从无人机采集的通道点云中逐层分割不同目标，优化了电力巡线点云中目标提取顺序，实现了多类型目标逐层提取，从而快速地完成了输电走廊关键对象和环境对象的自动提取。该方法解决了电力走廊多目标层次化协同分割与提取的难题，保证不同目标的完整分割，不仅利用了不同高压电力对象的空间关系剔除非高压目标，使电力目标总体提取精度有了较大提高，并且能够在海量点云中有效地提取电力线、电塔等大型目标并确定对象的三维精确坐标。结合提取的电力走廊地物对象层次结构，可以精确地构建输电导线、电塔的矢量模型和对象的空间结构关系，为电力线周边植被安全距离检测提供数据支撑。

(3)提出了由整体到局部的植被障碍快速检测方法，实现了电力线路植被风险动态评估预警，为电力走廊植被安全风险评估提供了有效支撑。

本书借助先整体筛检、后局部个体精检的思想，在对输电线路电力目标进行对象化提取与建模的基础上，利用架空线路与地面对象的空间位置，以电力线为对象构建线路安全运行空间，首先从水平、垂直、净空距离等多个空间角度分析了三维输电线路安全空间到地表模型空间的距离，然后再对存在障碍的风险区域进行精细的隐患等级评估，避免了过多的计算消耗，提高了障碍检测效率；借助静态分析结果，立足当前形势，分析输电导线扰动及植被高度增长之后的未知情况，建立导线扰动模型和植被生长态势模型，评估动态环境/工况下的线路安全风险状况，实现了对植被隐患点的评估预警。此方案基于模型检测和环境变化实现了自上而下、先粗后精的动态线路植被安全距离不足风险的动态诊断和预警。

7.3　未来研究展望

本研究针对林区电力走廊山火风险提出了电力走廊火险分析模型 PC-FRI，评估了高压电力走廊火险等级并对高等级火线区段进行预警。然后提出了结合火险等级区划实现面向山火风险的电力走廊植被风险预警的新思路，利用研究区域内高等级火险区段的无人机 LiDAR 巡检数据，研究了植被安全距离风险的自动检测和评估方法。本书提出的模型和方法，仍有待完善之处，可以从以下方面继续研究：

首先，利用二次回归分析、地理加权回归等方法对长期历史火险数据进行总体分析，以进一步提升模型的稳定性。实际上，对电力走廊长期运行中山火故障历史大数据的挖掘可以进一步归纳出更多隐含的输电线路火险相关影响因子。

其次，基于多源遥感数据对电力走廊环境风险中的更多安全问题进行分析，如塔基形变与安全性监测，以及其他自然灾害的预警分析等。

最后，在电力走廊值动态风险监测方面，可以将无人机 LiDAR 数据用于植被动态监测。在林区植被监测与管理中利用高精度三维点云实现精细化单株树木生长模拟，建立动态植被风险预估模型。

参 考 文 献

[1] Alla H, Alla S, Ezzati A, et al. 2016. An efficient dynamic priority-queue algorithm based on ahp and pso for task scheduling in cloud computing[C]// In: International Conference on Hybrid Intelligent Systems. Springer, Cham. 134-143.

[2] Araar O, Aouf N, Dietz J L V. 2015. Power pylon detection and monocular depth estimation from inspection uavs[J]. Industrial Robot-an International Journal, 42(03): 200-213.

[3] Arastounia M, Lichti D D. 2015. Automatic object extraction from electrical substation point clouds[J]. Remote Sensing, 7: 15605-15629.

[4] Awrangjeb M, Islam M K. 2017. Classifier-free detection of power line pylons from point cloud data[C]// ISPRS Annals of the Photogrammetry, Remote Sensing and Spatial Information Sciences, 81-87.

[5] Axelsson P. 1999. Processing of laser scanner data-algorithms and applications [J]. ISPRS Journal of Photogrammetry and Remote Sensing, 54(2): 138-147.

[6] Bax V. 2018. Mapping the risk of forest fires in Peru's Amazon and Andean forest regions using the AdaBoost algorithm and Geographic Information Systems[C]// 2018 IEEE XXV International Conference on Electronics, Electrical Engineering and Computing (INTERCON), 1-4.

[7] Belgherbi B, Benabdeli K, Mostefai K. 2018. Mapping the risk forest fires in Algeria: Application of the forest of Guetarnia in Western Algeria [J]. Ekologia-Bratislava, 37(3): 289-300.

[8] Bembridge A A, Hayne I D. 2007. Helicopter-borne power line deicer. [P]. US.

[9] Carvalho A, Flannigan M, Logan K, et al. 2008. Fire activity in Portugal and its relationship to weather and the Canadian Fire Weather Index System [J]. International Journal of Wildland Fire, 17(3): 328-338.

[10] Cáceres C F. 2011. Using GIS in hotspots analysis and for forest fire risk zones mapping in the Yeguare Region, Southeastern Honduras [J]. Papers in Resource Analysis, 13: 1-14.

[11] Chen C, Seff A, Kornhauser A, et al. 2015. Deepdriving: Learning affordance for direct perception in autonomous driving [C]//Proceedings of the IEEE International Conference on Computer Vision (ICCV), 2722-2730.

[12] Chen C, Yang B, Song S, et al. 2018. Automatic clearance anomaly detection for transmission line corridors utilizing uav-borne lidar data [J]. Remote Sensing, 10(4): 613.

[13] Chen Z, Lan Z, Long H, et al. 2014. 3D modeling of pylon from airborne LiDAR data [C]//In Remote Sensing of the Environment: 18th National Symposium on Remote Sensing of China, 9158: 915807.

[14] Cheng L, Tong L, Wang Y, et al. 2014. Extraction of urban power lines from vehicle-borne LiDAR data [J]. Remote Sensing, 6(4): 3302-3320.

[15] Colomina I, Molina P. 2014. Unmanned aerial systems for photogrammetry and remote sensing: A review [J]. ISPRS Journal of Photogrammetry and Remote Sensing, 92: 79-97.

[16] Deng C, Wang S, Huang Z, et al. 2014. Unmanned aerial vehicles for power line inspection: a cooperative way in platforms and communications [J]. Journal of Communication, 9(9): 687-692.

[17] El-zohri E, Abdel-salam M, Shafey H, et al. 2013. Mathematical modeling of flashover mechanism due to deposition of fire-produced soot particles on suspension insulators of a HVTL [J]. Electric Power Systems Research, 95: 232-246.

[18] Ferreira L, Vega-Oliveros D, Zhao L, et al. 2020. Global fire season severity analysis and forecasting [J]. Computers & Geosciences, 134: 104339.

[19] França G B, Oliveira A N, Paiva C M, et al. 2014. A fire-risk-breakdown system for electrical power lines in the North of Brazil [J]. Journal of Applied

Meteorology and Climatology, 53(4): 813-823.

[20] Frost P, Vosloo H, Meeuwis J. 2012. Development of a Fire-induced Flashover Probability Index (FIFPI) for Eskom transmission lines [J]. Dr. Meeuwis Dr. Konnad Wessels.

[21] Gallardo M, Israel Gómez, Vilar L, et al. 2016. Impacts of future land use/ land cover on wildfire occurrence in the Madrid region (Spain) [J]. Regional Environmental Change, 16: 1047-1061.

[22] Gharibi H, Habib A. 2018. True Orthophoto Generation from Aerial Frame Images and LiDAR Data: An Update[J]. Remote Sensing, 10(04): 581.

[23] Giglio L, Csiszar I, Restás á, et al. 2008. Active fire detection and characterization with the advanced spaceborne thermal emission and reflection radiometer (ASTER) [J]. Remote Sensing of Environment, 112 (6): 3055-3063.

[24] Giglio L, Schroeder W, Justice C O. 2016. The collection 6 MODIS active fire detection algorithm and fire products [J]. Remote Sensing of Environment, 178: 31-41.

[25] Gong P, Liu H, Zhang M, et al. 2019. Stable classification with limited sample: transferring a 30-m resolution sample set collected in 2015 to mapping 10-m resolution global land cover in 2017[J]. Chinese Science Bulletin, 64 (6): 370-373.

[26] Guo B, Huang X, Li Q, et al. 2016. A stochastic geometry method for pylon reconstruction from airborne lidar data[J]. Remote Sensing, 8(3): 243.

[27] Guo B, Huang X, Zhang F, et al. 2015. Classification of airborne laser scanning data using JointBoost [J]. ISPRS J. Photogramm. Remote Sensing, 100: 71-83.

[28] Guo B, Li Q, Huang X, et al. 2016. An Improved Method for Power-Line Reconstruction from Point Cloud Data[J]. Remote Sensing, 8(1): 36.

[29] Hantson S, Padilla M, Corti D, et al. 2013. Strengths and weaknesses of MODIS hotspots to characterize global fire occurrence[J]. Remote Sensing of Environment, 131: 152-159.

[30] He Q, Wang L, Liu B. 2007. Parameter estimation for chaotic systems by

particle swarm optimization [J]. Chaos, Solitons & Fractals, 34 (2): 654-661.

[31] Hu P, Yang B, Dong Z, et al. 2018. Towards Reconstructing 3D Buildings from ALS Data Based on Gestalt Laws[J]. Remote Sensing, 10(07): 1127.

[32] Islei G, Lockett A G. 1988. Judgemental modelling based on geometric least square[J]. European Journal of Operational Research, 36(1): 27-35.

[33] Ituen I, Sohn G. 2010. The way forward: Advances in maintaining right-of-way of transmission lines[J]. Geomatica, 64(4): 451-462.

[34] Jaw Y, Sohn G. 2017. Wind adaptive modeling of transmission lines using minimum description length[C]//Isprs Journal of Photogrammetry and Remote Sensing, 125: 193-206.

[35] Jolly W M, Cochrane M A, Freeborn P H, et al. 2015. Climate-induced variations in global wildfire danger from 1979 to 2013 [J]. Nature Communications, 06: 7537.

[36] Jones D I. 2007. An experimental power pick-up mechanism for an electrically driven UAV [C]//Precedings of 2007 IEEE International Symposium on Industrial Electronics, 2033-2038.

[37] Jones D, Golightly I, Roberts J, et al. 2006. Modeling and control of a robotic power line inspection vehicle[J]. Science & Engineering Faculty.

[38] Jwa Y, Sohn G, Kim H B. 2009. Automatic 3D Powerline Reconstruction Using Airborne LIDAR Data [C]//Int. Arch. Photogramm. Remote Sensing, 28: 105-110.

[39] Jwa Y, Sohn G. 2010. A multi-level span analysis for improving 3D power-line reconstruction performance using airborne laser scanning data [C]// Int. Arch. Photogramm. Remote Sens. Spat. Inf. Sci, 38: 97-102.

[40] Jwa Y, Sohn G. 2012. A Piecewise Catenary Curve Model Growing for 3D Power Line Reconstruction [J]. Photogramm. Eng. Remote Sens, 78 (12): 1227-1240.

[41] Katrašnik J, Pernuš F, Likar B. 2010. A survey of mobile robots for distribution power line inspection[J]. IEEE Transanction of Power Delivery, 25 (01): 485-493.

[42] Kennedy J, Eberhart R. 1995. Particle Swarm Optimization [C]//PP Proceedings of IEEE International Conference on Neural Networks. Perth, Australia.

[43] Kim H B, Sohn G. 2013. Point-based classification of power line corridor scene using random forests[J]. Photogrammetric Engineering & Remote Sensing, 79 (9): 821-833.

[44] Koufakis E I, Tsarabaris P T, Katsanis J S, et al. 2010. A Wildfire Model for the Estimation of the Temperature Rise of an Overhead Line Conductor[J]. IEEE Transactions on Power Delivery, 25(2): 1077-1082.

[45] Lee W K, Choi I H, Lee D I, et al. 2009. The Influence of Forest Fire Simulation on the Properties of Polymer Insulators [J]. Transactions on Electrical & Electronic Materials, 10(5): 161-164.

[46] Li Q, Chen Z, Hu Q. 2015. A Model-Driven Approach for 3D Modeling of Pylon from Airborne LiDAR Data[J]. Remote Sensing, 7(9): 11501-11524.

[47] Lin Z, Chen F, Niu Z, et al. 2018. An active fire detection algorithm based on multi-temporal FengYun-3C VIRR data [J]. Remote Sensing of Environment, 211: 376-387.

[48] Liu Z. 2014. Power lines extraction from airborne LiDAR data using spatial domain segmentation[J]. Journal of Remote Sensing, 18: 61-76.

[49] Loveridge E W. 1935. A country-wide forest fire weather hazard index. Journal of forestry[J]. Journal of Forestry, 33(4): 379-384.

[50] Matikainen L, Lehtomäki E, Ahokas J, et al. 2016. Remote sensing methods for power line corridor surveys [J]. ISPRS Journal of Photogrammetry and Remote Sensing, 119: 10-31.

[51] McLaughlin R A. 2006. Extracting transmission lines from airborne LIDAR data [J]. IEEE Geoscience and Remote Sensing Letters, 3(2): 222-226.

[52] Mejias L, Correa J F, Mondragon I, et al. 2007. COLIBRI: A vision-Guided UAV for Surveillance and Visual Inspection[C]//Proceedings of 2007 IEEE International Conference on Robotics and Automation, 2760-2761.

[53] Melzer T, Briese C. 2004. Extraction and modeling of power lines from als point clouds[C]//Proceedings of the 28th Workshop of Austrian Association for

Pattern Recognition, Hagenberg, Austria, 47-54.

[54] Miller C, Plucinski M, Sullivan A, et al. 2017. Electrically caused wildfires in Victoria, Australia are over-represented when fire danger is elevated[J]. Landscape and Urban Planning, 167: 267-274.

[55] Mitchell J. 2013. Power line failures and catastrophic wildfires under extreme weather conditions[J]. Engineering Failure Analysis, 35: 726-735.

[56] Montambault S, Beaudry J, Toussaint K, et al. 2010. On the application of VTOL UAVs to the inspection of power utility assets[C]//Proceedings of 2010 1st International Conference on Applied Robotics for the Power Industry, 1-7.

[57] Mphale K, Heron M. 2008. Measurement of electrical conductivity for a biomass fire[J]. International Journal of Molecular Sciences, 09(09): 1416-1423.

[58] Navarro G, Caballero I, Silva G, et al. 2017. Evaluation of forest fire on Madeira Island using Sentinel-2A MSI imagery [J]. International Journal of Applied Earth Observation and Geoinformation, 58(58): 97-106.

[59] Nießner M, Zollhöfer M, Izadi S, et al. 2013. Real-time 3D reconstruction at scale using voxel hashing[J]. International Conference on Computer Graphics and Interactive Techniques, 32(6): 169.

[60] Ortega S, Trujillo A, Santana J M, et al. 2018. An image-based method to classify power line scenes in LiDAR point clouds [C]//Precedings of 12th International Symposium on Tools and Methods of Competitive Engineering, 585-593.

[61] Ortega S, Trujillo A, Santana J M, et al. 2019. Characterization and modeling of power line corridor elements from LiDAR point clouds[J]. ISPRS Journal of Photogrammetry and Remote Sensing, 152: 24-33.

[62] Podur J, Martell D L, Knight K. 2002. Statistical quality control analysis of forest fire activity in Canada [J]. Canadian Journal of Forest Research, 32 (02): 195-205.

[63] Qin X, Wu G, Lei J, et al. 2018. Detecting Inspection Objects of Power Line from Cable Inspection Robot[J]. Sensor, 18(04): 1284.

[64] Qin X. 2014. 3D Reconstruction of 138 KV Power-lines from Airborne LiDAR Data[D]: [Master]. Waterloo: University of Waterloo, 16-19.

[65] Reed M D, Landry C E, Werther K C. 1996. The application of air and ground based laser mapping systems to transmission line corridor suvey[C]//Position Location and Navigation Symposium, 96: 444-451.

[66] Ritter M, Benger W, Cosenza B, et al. 2012. Visual data mining using the point distribution tensor[C]//The 7th International Conference on Systems, 199-202.

[67] Ritter M, Benger W. 2012. Reconstructing Power Cables from LIDAR Data Using Eigenvector Streamlines of the Point Distribution Tensor Field[C]//In Proceedings of the WSCG, 20: 223-230.

[68] Saaty T L. 1980. The Analytic Hierarchy Process, Mc Graw-Hill, New York.

[69] Schroeder W, Oliva P, Giglio L, et al. 2016. Active fire detection using Landsat-8/OLI data[J]. Remote Sensing of Environment, 185: 210-220.

[70] Shen H, Tao S, Chen Y, et al. 2019. Global Fire Forecasts Using Both Large-Scale Climate Indices and Local Meteorological Parameters [J]. Global Biogeochemical Cycles, 33(08): 1129-1145.

[71] Soares R. 1972. Determination of a fire hazard index for the central region of Paraná, Brazil[D]: [Master]. Turrialba, costa rica, CATIE/IICA. 6-7.

[72] Sohn G, Jwa Y, Kim H B. 2012. Automatic power line scene classification and reconstruction using airborne lidar data [C]//Precedings of ISPRS Ann. Photogramm. Remote Sens. Spat. Inf. Sci, 167-172.

[73] Sun C, Jones R, Talbot H, et al. 2006. Measuring the distance of vegetation from powerlines using stereo vision[J]. ISPRS Jounal of Photogramm and Remote Sensing, 60(04): 269-283.

[74] Tavares L, Sequeira J S. 2007. RIOL-Robotic inspection over power lines [C]//Precedings of 6th IFAC Symposium on Intelligent Autonom Vehicles, 40 (15): 108-113.

[75] Tian X, Shu L, Zhao F, et al. 2011. Future impacts of climate change on forest fire danger in northeastern China[J]. Journal of Forestry Research, 22 (3): 437-446.

[76] Tian X, Zhao F, Shu L, et al. 2014. Changes in forest fire danger for south-western China in the 21st century[J]. International Journal of Wildland Fire,

23(2): 185-195.

[77] Vadrevu K P, Csiszar I, Ellicott E, et al. 2013. Hotspot Analysis of Vegetation Fires and Intensity in the Indian Region [J]. IEEE Journal of Selected Topics in Applied Earth Observations and Remote Sensing, 06(01): 224-238.

[78] Vale A, Mota J G. 2007. LIDAR data segmentation for track clearance anomaly detection on over-head power lines [C]//Proceedings of the IFACWorkshop Technology Transfer in Developing Countries: Automation in Infrastructure Creation (DECOM2007), TT, Ýzmir, Turquia, 17-18 May 2007.

[79] Wang J, Xiong X, Zhou N, et al. 2016. Time-varying failure rate simulation model of transmission lines and its application in power system risk assessment considering seasonal alternating meteorological disasters [J]. Iet Generation Transmission & Distribution, 10(7): 1582-1588.

[80] Wang S, Miao L, Ping G. 2012. An improved algorithm for forest fire detection using HJ data[J]. Procedia Environmental Science, 13: 140-150.

[81] Wang Y, Chen Q, Li K, et al. 2017. Airborne lidar power line classification based on spatial topological structure characteristics[C]//ISPRS Annals of the Photogrammetry, Remote Sensing and Spatial Information Sciences. 165-169.

[82] Wang Y, Chen Q, Liu L, et al. 2018. Systematic Comparison of Power Line Classification Methods from ALS and MLS Point Cloud Data [J]. Remote Sensing, 10(8): 1222.

[83] Wanik D W, Parent J R, Anagnostou E N, et al. 2017. Using vegetation management and lidar-derived tree height data to improve outage predictions for electric utilities[J]. Electric Power Systems Research, 146(May): 236-245.

[84] Weinmann M, Urban S, Hinz S, et al. 2015. Distinctive 2d and 3d features for automated large-scale scene analysis in urban areas. Computers & Graphics, 49: 47-57.

[85] Williams A A J, Karoly D J, Tapper N. 2001. The Sensitivity of Australian Fire Danger to Climate Change[J]. Climatic Change, 49(1): 171-191.

[86] Wu Q, Yang H, Wei M, et al. 2018. Automatic 3D reconstruction of electrical substation scene from LiDAR point cloud[J]. Isprs Journal of Photogrammetry

and Remote Sensing, 143: 57-71.

[87] Xiao J, Furukawa Y. 2014. Reconstructing the world's museums [J]. International journal of computer vision, 110(03): 243-258.

[88] Xu K, Zhang X, Chen Z, et al. 2016. Risk assessment for wildfire occurrence in high-voltage power line corridors by using remote-sensing techniques: a case study in Hubei Province, China[J]. International journal of remote sensing, 37(20): 4818-4837.

[89] Yang B, Dong Z, Zhao G, et al. 2015. Hierarchical extraction of urban objects from mobile laser scanning data[J]. ISPRS Journal of Photogrammetry and Remote Sensing, 112: 23-45.

[90] Yang J, Kang Z. 2018. Voxel-Based Extraction of Transmission Lines From Airborne LiDAR Point Cloud Data[J]. IEEE Journal of Selected Topics in Applied Earth Observations and Remote Sensing, 11(10): 3892-3904.

[91] Zhang C, Liu Z, Yang S, et al. 2017. Key technologies of laser point cloud data processing in power line corridor[C]//Precedings of LIDAR Imaging Detection and Target Recognition 2017. 164.

[92] Zhang J, Lin X, Ning X. 2013. SVM-based classification of segmented airborne LiDAR point clouds in urban areas[J]. Remote Sensing, 5(8): 3749-3775.

[93] Zhang R, Yang B, Xiao W, et al. 2019. Automatic Extraction of High-Voltage Power Transmission Objects from UAV Lidar Point Clouds[J]. Remote Sensing, 11(22): 2600.

[94] Zhou R, Jiang W, Huang W, et al. 2017. A Heuristic Method for Power Pylon Reconstruction from Airborne LiDAR Data[J]. Remote Sensing, 9(11): 1172.

[95] Zhu L, Hyyppä J. 2014. Fully-Automated Power Line Extraction from Airborne Laser Scanning Point Clouds in Forest Areas[J]. Remote Sensing, 6: 11267-11282.

[96] Ziccardi L, Thiersch C, Yanai A, et al. 2019. Forest fire risk indices and zoning of hazardous areas in Sorocaba, São Paulo state, Brazil[J]. Journal of Forestry Research, 31(2): 581-590.

[97]白娟.2015.基于激光扫描数据的架空输电线路周边物体对线路的安全影响研究[D].北京：华北电力大学.

[98]陈驰，麦晓明，宋爽，等.2015.机载激光点云数据中电力线自动提取方法[J].武汉大学学报(信息科学版)，40(12)：1600-1605.

[99]陈驰，彭向阳，宋爽，等.2017.大型无人机电力巡检LiDAR点云安全距离诊断方法[J].电网技术，41(08)：345-352.

[100]陈锡阳，胡长猛，夏云峰，等.基于激光雷达技术的输电线路山火预警研究[J].电气应用，34(9)：58-61.

[101]陈晓兵，马玉林，徐祖舰.2008.无人飞机输电线路巡线技术探讨[J].南方电网技术，2(6)：57-60.

[102]陈孝明，阮羚，黎鹏，等.2015.一种输电线路因山火跳闸的风险等级预测评估方法.中国，CN104376510A[P].

[103]邓红雷，戴栋，李述文.2017.基于层次分析-熵权组合法的架空输电线路综合运行风险评估[J].电力系统保护与控制，45(01)：28-34.

[104]邓欧.2012.黑龙江省森林火灾时空模型与火险区划[D].北京：北京林业大学.

[105]杜培军.2006.遥感原理与应用[M].徐州：中国矿业大学出版社，23-25.

[106]段敏燕.2015.机载激光雷达点云电力线三维重建方法研究[D].武汉：武汉大学，56-59.

[107]郭海峰，禹伟.2016.湖南省森林火险天气等级预测模型研究[J].中南林业科技大学学报，36(12)：44-47，67.

[108]国家能源局.2020.2020年全国电力可靠性年度报告[DB/OL].http：//www.doc88.com/p-91899872971619.html.

[109]何阳，杨进，马勇，等.2016.基于Landsat-8陆地卫星数据的火点检测方法[J].红外与毫米波学报，35(05)：600-608，624.

[110]胡湘，陆佳政，曾祥君，等.2010.输电线路山火跳闸原因分析及其防治措施探讨[J].电力科学与技术学报，25(2)：73-78.

[111]胡毅，刘凯，吴田，等.2014.输电线路运行安全影响因素分析及防治措施[J].高电压技术，40(11)：3491-3499.

[112]黄宝华，孙治军，周利霞，等.2011.基于综合火险指数的森林火险预

报[J].消防科学与技术,30(12):1181-1185.

[113]黄荣刚.2017.机载激光扫描点云中目标稳健提取与多细节层次表达[D].武汉:武汉大学,26.

[114]黄世龙,顾雪平,张建成.2014.用于电力巡线的新型油动固定翼无人机设计[J].电力系统自动化,38(04):104-108,126.

[115]赖旭东,戴大昌,郑敏,等.2014.基于LiDAR点云数据的电力线三维重建方法研究[J].遥感学报,18(6):1223-1229.

[116]李德.2013.四川省重点地区森林火灾与气象因子的关系研究[D].北京:北京林业大学,8-12.

[117]阮峻,陶雄俊,韦新科,等.2019.基于固定翼无人机激光雷达点云数据的输电线路三维建模与树障分析[J].南方能源建设,6(01):114-118.

[118]李力.2012.无人机输电线路巡线技术及其应用研究[D].长沙:长沙理工大学,54-56.

[119]李晓炜,傅国斌,Melanie J B Z,等.2012.中国不同气候区基于火险气象指数的火险概率模型(英文)[J].Journal of Resources and Ecology,03(2):105-117.

[120]梁允,李哲,曲燕燕,等.2013.极轨气象卫星在输电线路防山火监测中的应用[J].河南科学,31(10):1664-1667.

[121]林祥国,段敏燕,张继贤,等.2016.一种机载LiDAR机载点云电力线三维重建方法[J].测绘科学,41(1):109-114,64.

[122]林祥国,张继贤.2016.架空输电线路机载激光雷达点云电力线三维重建[J].测绘学报,45:347-353.

[123]刘春翔,范鹏,王海涛,等.2017.基于BP神经网络的输电线路山火风险评估模型[J].电力系统保护与控制,45(17):100-105.

[124]刘明军,邵周策,上官帖,等.2016.输电线路山火故障风险评估模型及评估方法研究[J].电力系统保护与控制,44(06):82-89.

[125]刘思林.2014.黑龙江大兴安岭森林火险气象等级及区划研究[D].北京:北京林业大学,54-57.

[126]刘洋.2018.机载点云电力走廊要素提取及风险计算[D].武汉:武汉大学,56-58.

［127］刘毓，李波，罗晶，等．2016．输电线路分布式山火监测系统在湖南电
　　　网的应用［J］．湖南电力，36(05)：44-46．

［128］刘毓，陆佳政，罗晶，等．2018．架空输电线路山火同步卫星广域监测
　　　与杆塔定位［J］．电网技术，42(04)：1322-1327．

［129］陆佳政，刘毓，吴传平，等．2015．输电线路山火卫星监测与告警算法
　　　研究［J］．中国电机工程学报，35(21)：5511-5519．

［130］陆佳政，刘毓，徐勋建，等．2017．架空输电线路山火预测预警技术［J］．
　　　高电压技术，43(01)：320-326．

［131］陆佳政，刘毓，杨莉，等．2014b．输电线路山火发生规律分析［J］．消防
　　　科学与技术，33(12)：1447-1451．

［132］陆佳政，吴传平，杨莉，等．2014a．输电线路山火监测预警系统的研究
　　　及应用［J］．电力系统保护与控制，42(16)：89-95．

［133］陆佳政，周特军，吴传平，等．2016．某省级电网220kV及以上输电线
　　　路故障统计与分析［J］．高电压技术，(01)：200-207．

［134］毛强，徐云鹏，骆志锋．2012．直升机红外巡检技术在直流输电线路的
　　　应用分析［J］．广西电力，35(06)：74-77．

［135］穆超．2010．基于多种遥感数据的电力线走廊特征物提取方法研究［D］．
　　　武汉：武汉大学，65-68．

［136］彭庆军，李英娜，陈晓云，等．2015．沿电力铁塔分布的山火在线监测
　　　无线传感网．中国，CN204884106U［P］．

［137］彭向阳，陈驰，饶章权，等．2015．基于无人机多传感器数据采集的电
　　　力线路安全巡检及智能诊断［J］．高电压技术，41(01)：159-166．

［138］彭向阳，陈驰，徐晓刚，等．2014．基于无人机激光扫描的输电通道安
　　　全距离诊断技术［J］．电网技术，11：3254-3259．

［139］彭向阳，钱金菊，麦晓明，等．2016．大型无人直升机电力线路全自动
　　　巡检技术及应用［J］．南方电网技术，10(02)：24-31，76．

［140］邱欣杰，季坤，范明豪，等．2018．基于卫星及气象信息的输电线路灾
　　　害监测与风险评估平台研究［J］．电工技术，(03)：47-49．

［141］阮羚，万君，黄俊杰．2015．输变电线路火风险区划初探［C］//中国气象
　　　学会．第32届中国气象学会年会S18气象卫星遥感新资料—新方法—新
　　　应用．北京：中国气象学会，120-128．

［142］邵天晓. 2003. 架空送电线路的电线力学计算（第二版）［M］. 北京：中国电力出版社，15-17.

［143］宋嘉婧，郭创新，张金江，等. 2013. 山火条件下的架空输电线路停运概率模型［J］. 电网技术，37(01)：100-105.

［144］宋爽. 2017. 基于机载 LiDAR 点云的电力走廊三维要素提取技术［D］. 武汉：武汉大学，19-22.

［145］宋雨. 2018. 黑龙江省林火驱动因子及模型研究［D］. 哈尔滨：东北林业大学，35-37.

［146］苏力华，楼玫娟，肖金香，等. 2004. 气象卫星遥感监测在森林防火中的应用［J］. 西北农林科技大学学报（自然科学版），032(011)：85-88.

［147］孙萌，王奇，宋云海，等. 2019. 基于图像识别技术的输电线路卫星山火监测与定位［J］. 自动化技术与应用，38(01)：69-73.

［148］覃驭楚，牛铮. 2008. 激光雷达点云数据的快速分块与栅格化算法. 中国，CN101324663［P］.

［149］覃志豪，Zhang M，Arnon K，等. 2001. 用陆地卫星 TM6 数据演算地表温度的单窗算法［J］. 地理学报，(04)：456-466.

［150］田光辉，陈汇林，许向春. 2013. 基于模糊综合判别的森林火险等级预报研究［J］. 灾害学，28(03)：117-122.

［151］王加义，王春阳，赵慧芳. 2009. 福建省森林火险等级主要气象影响因子的分布规律［J］. 中国农学通报，25(23)：166-169.

［152］王珂，蔡艳辉，彭向阳，等. 2016. 用于电力线巡检的大型无人直升机多传感器系统集成设计［J］. 广东电力，29(02)：102-110.

［153］王琨，范冲. 2016. 基于层次分析法的输电线路走廊山火风险影响因子权重分析［J］. 测绘与空间地理信息，39(12)：116-119.

［154］王应明. 1997. 群组 AHP 最小二乘法排序及其算法研究［J］. 系统工程与电子技术，06：78-82.

［155］吴田，阮江军，张云，等. 2012. 输电线路因山火跳闸事故统计特性与识别分析［J］. 电力系统保护与控制，40(10)：138-143，148.

［156］吴勇军，薛禹胜，陆佳政，等. 2016. 山火灾害对电网故障率的时空影响［J］. 电力系统自动化，40(03)：14-20.

［157］谢辉，范明豪，季坤，等. 2018. 省域电网架空输电线路山火分布图绘

制研究[J]. 电力安全技术, 20(01)：40-45.

[158]熊小伏, 曾勇, 王建, 等.2018. 基于山火时空特征的林区输电通道风险评估[J]. 电力系统保护与控制, 46(04)：6-14.

[159]熊小伏, 王建, 袁峻, 等.2015. 时空环境相依的电网故障模型及在电网可靠性评估中的应用[J]. 电力系统保护与控制, 43(15)：28-35.

[160]徐云鹏, 毛强, 李庭坚.2013. 架空输电线路直升机、无人机及地面人工巡视互补机制探讨与研究[J]. 广西电力, 36(05)：72-75, 84.

[161]阳锋, 徐祖舰.2009. 三维激光雷达技术在输电线路运行与维护的应用[J]. 南方电网技术, 3(2)：62-64.

[162]阳林, 郝艳捧, 黎卫国, 等.2010. 输电线路覆冰与导线温度和微气象参数关联分析[J]. 高电压技术, 36(03)：775-781.

[163]叶立平, 陈锡阳, 何子兰, 等.2014. 山火预警技术在输电线路的应用现状[J]. 电力系统保护与控制, 42(06)：145-153.

[164]佚名.2011. 无人机输电巡线系统实施方案[DB/OL]. http：//wenku. baidu. com/view/f1837b3e87c24028915fc30e. html.

[165]余洁, 穆超, 冯延明, 等.2011. 机载LiDAR点云数据中电力线的提取方法研究[J]. 武汉大学学报(信息科学版), 36 (11)：1275-1279.

[166]苑司坤, 张小斐, 李哲, 等.2015. 一种面向输电线路的山火临近风险评估方法. 中国, CN104732103A[P].

[167]张昌赛.2018. 机载LiDAR输电线走廊点云数据自动分类和树障预警分析方法研究[D]. 兰州：兰州交通大学, 34-35.

[168]张赓.2015. 基于机载LiDAR点云数据的电力线安全距离检测[D]. 兰州：兰州交通大学, 24-26.

[169]张行, 王逸飞, 何迪, 等.2016. 电网防灾减灾现状分析及建议[J]. 电网技术, 40(9)：2838-2844.

[170]张盛.2015. 基于模糊粗糙集的森林火灾与气象因子的相关性研究[D]. 长沙：中南林业科技大学, 30-34.

[171]张文峰, 彭向阳, 钟清, 等.2014. 基于遥感的电力线路安全巡检技术现状及展望[J]. 广东电力, 27(02)：1-6.

[172]张昊明, 杨又华, 阎广建, 等.2006. 机载多角度多光谱成像技术在电力系统中的应用[J]. 华中电力, 06：1-2, 12.

［173］张小红 . 2017. 机载激光雷达测量技术理论与方法［M］. 武汉：武汉大学出版社，9-14.

［174］张校志 . 2017. 基于卫星遥感的输电走廊地表覆盖变化检测与山火易发性评估［D］. 武汉：武汉大学，15-17.

［175］张勇 . 2017. 架空输电线路障碍物巡检的无人机低空摄影测量方法研究［D］. 武汉：武汉大学，10-12.

［176］赵瑞芹 . 2019. 基于激光雷达的输电线路山火灾害损伤评估［J］. 灾害学，34(02)：52-56.

［177］赵宪文，周万村，易浩若，等 . 1995. 森林火灾遥感监测评价理论及技术应用［M］. 北京：中国林业出版社，14-16.

［178］钟海杰，王佩龙，王锦明，等 . 2015. 山火引发输电线路间隙放电机理与击穿特性综述［J］. 高电压技术，41(2)：622-632.

［179］周志宇 . 2019. 山火灾害下电网输电线路跳闸风险评估研究［D］. 北京：华北电力大学，23-25.

［180］朱奇，郭江，曾兵，等 . 2018. 基于层次分析法的输电线路防山火预警评估模型［J］. 电测与仪表，55(06)：71-75，88.